淡水养殖系列丛书

泥鳅养殖一月通

江苏省淡水水产研究所　组编

中国农业大学出版社
·北京·

图书在版编目(CIP)数据

泥鳅养殖一月通/江苏省淡水水产研究所组编. —北京:中国农业大学出版社,2010.6

ISBN 978-7-5655-0000-8

Ⅰ.①泥… Ⅱ.①江… Ⅲ.①鳅科-淡水养殖 Ⅳ.①S966.4

中国版本图书馆 CIP 数据核字(2010)第 087868 号

书　　名　泥鳅养殖一月通

作　　者　江苏省淡水水产研究所　组编

策划编辑　赵　中　　**责任编辑**　韩元凤

封面设计　郑　川　　**责任校对**　陈　莹　王晓凤

出版发行　中国农业大学出版社

社　　址　北京市海淀区圆明园西路 2 号　　**邮政编码**　100193

电　　话　发行部 010-62818525,8625　　读者服务部 010-62732336

编辑部 010-62732617,2618　　出　版　部 010-62733440

网　　址　http://www.cau.edu.cn/caup　　**e-mail**　cbsszs@cau.edu.cn

经　　销　新华书店

印　　刷　北京时代华都印刷有限公司

版　　次　2010 年 6 月第 1 版　　2012 年 4 月第 11 次印刷

规　　格　850×1 168　　32 开本　　3.75 印张　　92 千字

印　　数　106 201～116 200

定　　价　8.00 元

丛 书 主 编　夏爱军

丛书副主编　唐建清　韩　飞

本 书 作 者　童　军　李佳佳　王明华　唐晟凯

总　序

目前，我国淡水养殖业已由产量型向素质型转变，由解决“吃鱼难”向保障食物营养与安全转变，由丰富“菜篮子”向促进农业结构调整和农民增收转变；随着经济全球化的发展，更是面临着产业结构、贸易结构、产品质量、渔业资源和生态环境等变化。因此，水产养殖业能否提高产量和效益，主要看养殖生产者的观念能否与时俱进，随时代的变化而转变以及能否选择好一个新品种，掌握好行之有效的新技术。

近年来，高效农业的快速推进，使得特种水产养殖业发展迅猛，河蟹、青虾、克氏原螯虾、罗氏沼虾、南美白对虾、中华鳖、鳜鱼、鲈鱼、河鲀、黄鳝、泥鳅等名特优新水产养殖品种已达到了规模化生产的水平，形成了自身的特点。各地在科技兴渔方针指导下，利用本地资源、特点和区域优势，大胆实践，勇于创新，新的养殖技术和模式不断涌现。为了促进水产养殖的健康可持续发展，推广新品种、新技术、新经验的应用，满足广大养殖生产者的需求，江苏省淡水水产研究所组织有关专家和学者撰稿，编写了这套“淡水养殖系列丛书”。该套丛书共计 11 本，较系统地介绍了河蟹、青虾、克氏原螯虾、罗氏沼虾、南美白对虾、中华鳖、鳜鱼、河鲀、黄鳝、泥鳅和大宗淡水鱼类等水产品种的养殖方法，融入了近年来获得的水产科技新成果、新技术和新经验；内容科学，以实用技术为重点；语言力求通俗易懂，并配有原色图和示意图，以便读者理解、掌握和操作，适应不同层次读者的需要。

“丛书”的出版发行，为水产养殖业者提供了一套致富的有效工具书，也为从事水产养殖等有关专业的科技和教学人员提供了有益的参考资料。

江苏省淡水水产研究所所长　夏爱军

2009 年 6 月

前　言

泥鳅是一种小型食用鱼，其营养丰富，为高档水产品，很受人们喜爱。我国南方大部分地区有喜食泥鳅的历史习惯，仅武汉、广州两地，每年市场需求量就在 1 500 吨左右；在日本和中国港澳地区，泥鳅也很受欢迎。尤其在日本，每年泥鳅的销量在 4 000 吨以上，需求量几乎接近鳗鲡，其中有 2 500 吨左右要从我国和韩国等国家进口。泥鳅的国内和国际市场需求量较大，且相对稳定。

多年以来，由于农药及工业废水等污染了泥鳅的栖息场所，资源遭到破坏，天然泥鳅产量大为减少，既不能满足国内市场的需求，更不能满足国外市场需要。因此，近年来，我国江苏、浙江、湖南、湖北、四川、山东、广东、上海等省、市，在捕捞野生鳅蓄养出口的基础上，积极发展人工饲养。人们利用天然的或人工修建的坑、塘、沟、池等小水体，采取综合性的技术措施，开展了泥鳅人工繁殖和养殖的生产试验，取得了许多成果。如苏州市泥鳅人繁苗年产已经突破 1 亿尾，泥鳅苗种实现了规模化生产，为进一步推动泥鳅养殖业的发展打下了良好基础。

泥鳅生命力很强，对环境适应性高，其食料荤素粗杂易得，养殖占地面积少，用水量不大，易于饲养，便于运输，而且养殖成本低，收益大，见效快，每公顷水面产量可高达 3 万～5 万千克；加上泥鳅市场需求看好，在水产养殖业中，以泥鳅作为养殖对象是较安全而又有利可图的。我国是世界最大的淡水国，有着得天独厚的自然资源，因此，发展泥鳅养殖，是当前农村一项具有广阔发展前景的新兴产业，大有作为。

为适应当前渔业产业结构调整和特种水产养殖业迅猛发展的

新形势，满足广大农民朋友对泥鳅养殖技术的迫切需要，我们编写了《泥鳅养殖一月通》这本书。在本书的编写中，我们力求理论联系实际，深入浅出，既科学严谨又简单实用，以期对广大读者有所帮助。由于泥鳅养殖在我国是一项新兴的养殖业，养殖技术还不完善，有待进一步改进和提高，加之时间仓促和编者水平有限，书中一定存有疏漏和谬误之处，欢迎读者批评指正。

编　者

2009 年 7 月

目　　录

第一讲 概 述

泥鳅，是一种分布广、数量多的普生型小型食用鱼，它广泛分布于中国、日本、朝鲜、前苏联、印度等地，我国除西部高原地区外，自北到南各处均有分布。

泥鳅可食部分占 80% 左右，其肉中含蛋白质 18.45%～20.7%，脂肪 2.7%～2.8%，灰分 1.6%～2.2%，每 100 克鱼肉含维生素 A 70 国际单位，维生素 B_1 30 微克，维生素 B_2 440 微克，钙 51 毫克，磷 154 毫克，铁 3 毫克，并具有较高的不饱和脂肪酸，营养价值较高，为高档水产品。泥鳅还是一味补中益气、壮阳利水的良药，它对肝炎、腹水、热淋、小便不通、皮肤瘙痒、漆疮、手指疔疮、小儿盗汗等均有一定疗效。因而，泥鳅作为一种滋补的食品，很受人们喜爱。

多年以来，由于农药及工业废水等污染了泥鳅的栖息场所，资源遭到破坏，天然泥鳅产量大为减少。但人们对泥鳅的需求量并没有减少，尤其在日本，泥鳅的需求量几乎接近鳗鲡。自 1949 年日本养鱼专家川村以蛙类脑下腺研磨液注射泥鳅种鱼，成功地进行了人工催产以来，泥鳅的人工养殖便逐渐发展起来。日本的人工养殖泥鳅起步较早，亦较普遍，1952 年泥鳅产量已达 3 600 吨左右。然而，此项工作在我国开展得较晚，泥鳅养殖最早始于 20 世纪 50 年代中期，但养殖进展缓慢。直到 1985 年，随着泥鳅人工繁殖技术的进一步完善与推广，泥鳅的人工养殖业才逐步发展起来。

近年来，随着渔业生产结构的调整和特种水产养殖业的兴起，泥鳅养殖也受到各地的重视。但各地的发展速度仍不是很快，规模也不大，且发展不平衡。许多地方仍以天然捕捞为主，人工养殖仍处于次要地位。多数地区的泥鳅养殖，除部分专业户外，仍以渔（农）庭院或房前屋后的坑凼养殖较为普遍，而且泥鳅人工养殖的技术应用还不太普及，加上由于规模小、养殖户分散，产量和效益都受到了一定的限制，还不能满足目前国内外市场日益增长的需求。

从国内市场来看，由于泥鳅营养价值高，味道鲜美，我国的居民尤其是南方人有喜食泥鳅的习惯，市场需求量较大，因此，泥鳅多年来销路一直看好。

在国际市场上，泥鳅销路也很好，特别是日本，泥鳅很受欢迎。日本每年泥鳅的销量在 4 000 吨以上，其中有 2 500 吨左右要从我国和韩国等国家进口。

由此可见，泥鳅在国内外市场的需求和销售潜力都很大。如果我们在现有基础上增加科技和物质投入，扩大泥鳅养殖规模，实行苗种培育、成鳅养殖、泥鳅加工和销售成龙配套，一定会取得可观的经济效益和社会效益。此外，泥鳅的苗种及饲料比较容易解决，养殖方法简单，经济效益也比较好。我国内陆水域资源丰富，荡滩、稻田面积广阔，自然条件优越。因此，发展泥鳅养殖是当前农村一项具有广阔发展前景的新兴产业，大有作为。

第二讲　泥鳅的生物学特性

了解泥鳅的生物学特征，掌握其习性和生活规律，就能够制定出一系列相应的养殖措施，为泥鳅创造一个良好的生态环境，为夺取泥鳅养殖高产高效奠定基础。

一、泥鳅的种类及形态

泥鳅在生物学分类上属鲤形目鳅科泥鳅属。泥鳅的学名为 *Misgurnus anguillicaudatus*(Cantor)，广泛分布在我国辽河以南至澜沧江以北及台湾和海南岛。该属中尚有：黑龙江泥鳅(*M. Mohoity* (Dybowski))，分布在黑龙江；北方泥鳅(*M. Bipartitus*(Sauvage et Dabry))，分布在内蒙古、黑龙江和辽河上游。泥鳅还分布于日本、朝鲜、前苏联和东南亚等国家和地区。常见的泥鳅一般有以下几种：

1. 真泥鳅　一般称泥鳅(图1)。体为长圆柱形，尾部侧扁，口下位，呈马蹄形，口须5对，上颌3对，较大，下颌2对，一大一小。尾鳍圆形，鳞片细小，埋于皮下，体背及体侧灰黑色，并有黑色小斑点，体侧下半部白色或浅黄色，尾柄基部上方有一黑色大斑，体表黏液较多，头部尖，吻部向前突出，眼和口较小。

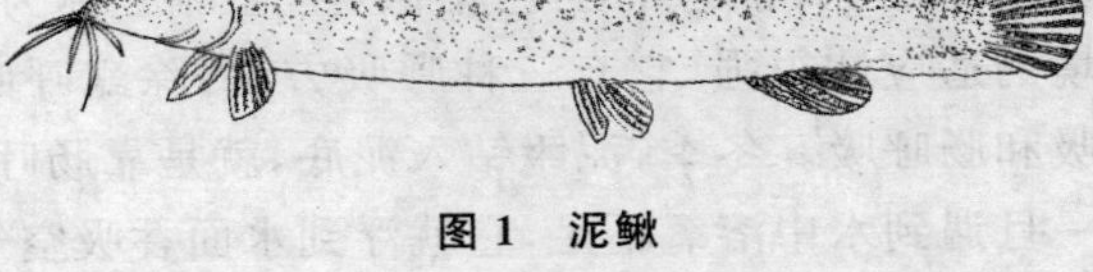

图1　泥鳅

2. 沙鳅　口须3对，体背有方形褐色斑点。体侧有两列纵连的褐色斑点，其中下列较大而明显。各鳍均有黄白相间条纹。体长12厘米以下。

3. 粗鳞扁鳅　体形粗大侧扁，鳞片粗而明显，体色较暗，背呈灰色或绿色。口须5对。

4. 红泥鳅　形态像真泥鳅，但呈淡红色，一般作观赏用。

以上各种泥鳅中，以真泥鳅生长较快，经济价值较高，适于养殖。

二、泥鳅的生活习性

泥鳅一般白天潜伏水底，傍晚后活动觅食，不喜强光。人工养殖时往往集中在遮光阴暗处，或是躲藏在巢穴之中。泥鳅生长快慢和饵料、饲养密度、水温、性别和发育时期有关。人工养殖中个体差异也很大。在自然状况下，刚孵出的苗体长约0.3厘米，1个月之后可达3厘米，半年后可长到6～8厘米，第二年年底可长成13厘米体长、15克左右的体重。最大的个体体长可达20厘米、体重100克。人工养殖时经30天左右培育便可达3厘米的鳅苗夏花，1足龄时可长成每千克80～100尾的商品鳅。

泥鳅是温水性鱼类，其生长速度与栖息水温有密切关系。它的适宜生活水温为15～35℃。当水温在25～28℃时，生长最快；水温上升到30℃以上时，即钻入淤泥中度夏；水温下降到5℃以下时，潜入泥土中冬眠。

泥鳅是底层鱼类，常见于底泥较深的湖汊、池塘、稻田、水沟等浅水水域，或静水的底层淤泥中。泥鳅的体色随栖息环境的不同而有所改变，往往与其栖息的土色相似(生态学上称为保护色)。泥鳅对环境的适应性很强，它有三种呼吸方法：除鳃呼吸外，还可用皮肤呼吸和肠呼吸。冬季，泥鳅钻入泥底，就是靠肠呼吸来维持生命的。一旦遇到水中溶氧不足，它就浮到水面吞吸空气，在肠管内进行气体交换。因此，泥鳅在溶氧很低的池水中也能正常生活。

泥鳅是杂食性鱼类，在天然水域中以昆虫幼虫、小型甲壳类动物、底栖生物、水草、植物碎屑、有机物质等为食。其食性随着个体的增长逐步发生变化。幼体以动物性饵料为主，成鳅则以植物性饵料为主。幼体阶段，胃中的昆虫幼虫，特别是摇蚊幼虫的比例明显高于成鳅。泥鳅的食性很广，在泥鳅胃中的食物团里腐殖质、植物碎片、植物种子、水生动物的卵等的出现率最高，约占 70%，其他如硅藻、绿藻、蓝藻、裸藻、黄藻、原生动物、枝角类、桡足类、轮虫等占 30%。在与其他鱼类混养时，常以其他鱼类吃剩的残饵为食。在人工养殖的条件下，泥鳅也习惯于吃配合饵料。

泥鳅在一昼夜中有两个明显的摄食高峰，分别是 7～10 时和 16～18 时，而 5 时左右是摄食低潮（图 2）。泥鳅与其他鱼类混养时常以其他鱼类的残饵为食，可称为池塘的“清洁工”。在养鳗池中搭养泥鳅，能起到很好的清塘效果。泥鳅肠道短小，对动物性饵料消化速度比植物性饵料快。泥鳅贪食，如投喂动物性饵料时会因贪食过量而影响肠呼吸，并产生毒害气体而胀死。当水温为 15℃时泥鳅的食欲增高，水温 24～27℃时最旺盛，水温 30℃以上时食欲减退。在泥鳅生殖时期食量比较大，雌鳅比雄鳅更大，以满足生殖时期卵黄积累和生殖活动的需要。

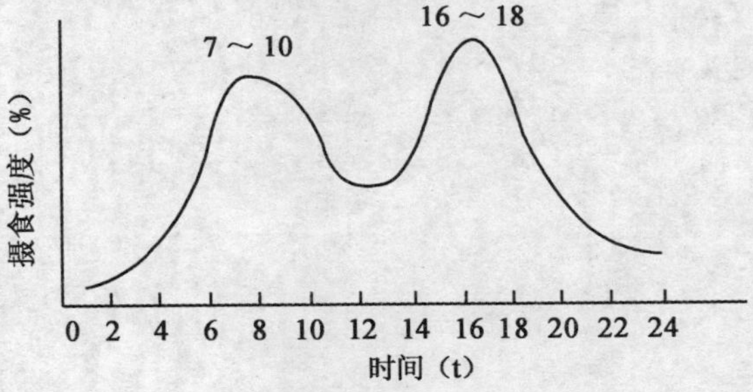

图 2　泥鳅在一天中的摄食强度变化

三、泥鳅的繁殖习性

泥鳅雌雄异体，行体外受精。一冬龄的泥鳅性已成熟。开春后，当水温达到18～20℃时，性成熟的泥鳅便开始自然繁殖。江南地区一般在4月底至5月初开始产卵。泥鳅多次产卵，每次历时4～7天。多次性成熟，产卵期可一直维持到8月份。产卵最盛期是5月中、下旬到6月下旬。泥鳅常选择水田、池沼、沟渠有清水流入的浅滩作为产卵场。5～6月份水温升高时，常在雨后或夜间产卵。发情时，数尾雄鳅在水面追逐一尾雌鳅，最后，仅一尾雄鳅卷住雌鳅的躯干，使雌鳅受到刺激而排卵，雄鳅同时排精而完成受精过程。受精卵黏附在水草或石头上。但泥鳅的受精卵黏性极差，虽能附着，却易从附着物上脱落而沉入水底。在饵料不足时，受精卵也会被泥鳅吞食掉。

雌鳅的怀卵量因个体大小而异，体长10厘米，怀卵量7 000粒左右；体长20厘米，怀卵可达2.5万粒。体长10厘米左右的雄鳅，可产精子6亿个左右。

第三讲　泥鳅的人工繁殖

泥鳅既能自然产卵，也可用激素催产。自然繁殖，产量低，产出的卵子极易被亲鳅吃掉，故从自然环境中获得的鳅苗为数不多，远远不能满足养殖生产的需要。人工繁殖泥鳅，可以弥补自然产卵的不足，而且受精率高，苗种纯，规格整齐，可为养殖提供大量优质苗种。

一、亲鳅的准备

（一）亲鳅的选择

催产用的亲鳅来源，一可从市场上收购，二可从池塘、稻田、湖沼、水沟中捕捉，三可从专门越冬池中挑选。刚从市场购来的和从野外捕捉的泥鳅需经过一定时间的强化培育，才能用于繁殖。

亲鳅质量的好坏直接影响到鳅苗质量。因此，要把好亲鳅选择这一关。人工繁殖选用的亲鳅，要求体形端正，体质健壮，无伤无病，体色正常，体长 15～20 厘米，体重 30～50 克。雌鳅还要求腹部膨大，富有弹性，将其肚皮朝上，目视要有透明感，颜色微红，腹中线扩散，用手抚摸，肋骨明显。泥鳅一般 2 龄达性成熟，3 龄以上、个体大的怀卵量大，产卵数多（表 1）。雄鳅要求胸鳍追星明显，个体与雌鳅大小相同。

（二）亲鳅雌雄鉴别

正确区别亲鳅雌雄性别是进行雌雄合理配对、搞好人工繁殖的前提。泥鳅雌雄性别主要区别表现在个体的大小和胸鳍的形状上（图 3）。雌鳅个体明显大于雄鳅，胸鳍较短，鳍的前端较圆钝，

表 1　不同龄泥鳅怀卵量与产卵数的比较

亲鳅年龄（年）	产卵数（粒）范围	产卵数（粒）平均	卵巢卵数（粒）范围	卵巢卵数（粒）平均	产卵数/卵巢卵数×100%
2	202～6 311	2 625	782～14 669	5 450	48.2
3	1 336～17 960	6 099	5 054～21 820	10 704	57.0
4 年以上	9 164～23 418	13 431	11 856～39 707	23 431	57.3
平均					55.7

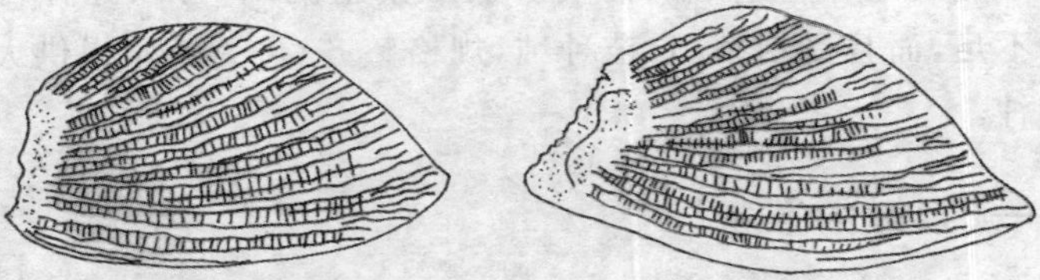

雌性泥鳅的胸鳍　　雄性泥鳅的胸鳍

图 3　泥鳅雌雄鉴别

呈扇形，静止时鳍条可以展放在一个平面上，且第 2、3 软鳍条的长短基本上一致。雌鳅在生殖季节腹部圆大，卵粒大而整齐；雄鳅胸鳍窄而长，第 1 鳍条末端尖而上翘，第 2 鳍条基部有一骨质薄片，在生殖期胸鳍追星明显，用手挤压腹部有白色精液流出。

如在雌鳅腹鳍上部出现白色斑块状伤痕，这是当年已产过卵的雌鳅的标志（图 4）。产卵期间所捕获的雌鳅，往往都有这种标志。一旦出现这种标志，便不能再用作当年繁殖用亲鳅。这种白斑的出现，是由于雌鳅在产卵时，被雄鳅紧紧地相卷，雄鳅胸鳍的小骨板压着雄鳅的腹部，从而使其腹部受了伤，小形鳞片和黑色素的脱落，留下这道近圆形的白斑状伤痕。产后一般可根据伤痕深浅来估计雌鳅产卵的好坏，一般是伤痕深，产卵好。

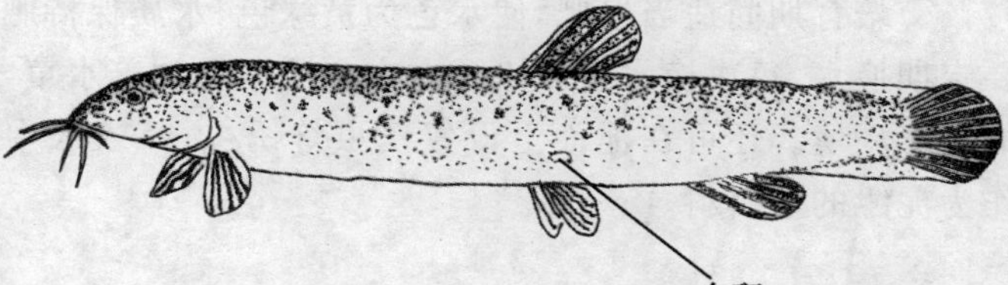

图 4　产卵后的雌鳅

(三)亲鳅的培育

亲鳅强化培育是泥鳅人工繁殖中比较重要的技术环节。通过亲鳅的强化培育,其体质增强,对部分已产一部分卵的泥鳅,可恢复产卵。对未成熟的泥鳅能较快达到成熟,而使其提前产卵。

亲鳅强化培育池一般为 50～100 平方米,深 1.2 米,使水层保持 40～50 厘米。池底夯实,池壁要求较硬以免泥鳅钻洞,也可用塑料膜贴面。进、排水口应设网栏。池底铺富含腐殖质的软土或软腐泥 20 厘米左右。在亲鳅放养前,池塘先用漂白粉或生石灰清塘,每 10 平方米用生石灰 1 千克或漂白粉 100 克,化水后全池泼洒。一般 7 天之后便可放养泥鳅了。

如果是尚未成熟的亲鳅,培育方法与养殖成鳅相同,只是密度应降低,一般每平方米放养 25 尾为宜。如果是准备用于人工繁殖泥鳅的强化培育,通常在 1 个月之前将泥鳅雌、雄分开进行培育,放养密度也为 25 尾/平方米。

亲鳅培育时投喂的饲料以鱼粉、豆粕、菜籽饼、四号粉、米糠为主,添加适量酵母粉和维生素。水温 15～17℃时,饲料中动物蛋白含量 10%左右,植物蛋白 30%左右。随水温增高,逐渐增加动物蛋白质的含量。当水温达 20℃以上时,动物蛋白质含量增加到 20%,植物蛋白减至 20%。日投喂量掌握在池中泥鳅体重的

5%~7%。培育期间适当追肥，使水色为黄绿色，水质保持肥、活、爽。要定期换水，每次换水量为1/4左右。池中要放养水草，保持良好的培育环境。还可在池面上设置诱虫灯诱虫，落入水中的昆虫可作为泥鳅的活饵料。

二、自然产卵繁殖

泥鳅是多次产卵类型的鱼类。长江流域在4月下旬、当水温逐渐升至18℃以上时便开始产卵，直到8月份，均属其产卵季节。产卵盛期在5月下旬到6月下旬。每次产卵往往要4~7天才能产空。可以在泥鳅较集中的地方设置鱼巢，诱使泥鳅在上面产卵受精，然后收集受精卵进行孵化。为了收集较多的受精卵，可以采用天然增殖措施，即选择环境较僻静、水草较多的浅水区施几筐草木灰，而后每亩施400~500千克的猪粪、牛粪、羊粪等厩肥。周围要采取有效的保护措施，防止青蛙等敌害的侵袭。这样便可诱集大量泥鳅前来产卵，收集较多的受精卵。

专门建立产卵池、孵化池，创造人工环境，让泥鳅在专用池中自然交配产卵，并用鱼巢，可收集大量受精卵，然后在孵化池中人工孵化。这种方法更为实用。

(一)产卵池和孵化池的准备

该项工作应在泥鳅繁殖季节之前准备完毕。先将池水排干，晒塘到底泥开裂。每亩用70~100千克生石灰清塘除野。待药性消失后在池塘中栽培水生植物，如蒿草、稗草等作为鱼巢，或放养水浮莲、水葫芦等。池中每亩施人畜粪400~500千克。进水水位达20~30厘米。池周设置防蛙、防鸟和防逃设施。

产卵池、孵化池可以是土池或水泥池，面积不宜太大，以利于操作管理。规模小的也可用水箱，或用砖砌成形，用薄膜铺填成水池；或用筐等作架，铺填薄膜加水用作产卵池、孵化池。

(二)鱼巢的准备

除了在产卵池中种养水生植物作为鱼巢外,还可以增设用多须的杨柳须根、棕榈皮等,作为人工鱼巢。

人工鱼巢预先用开水烫或煮,漂净晒干。棕榈皮则要用石灰水浸泡 2 天。生石灰用量为每千克棕榈皮 5 千克生石灰。石灰水浸泡后再放入池塘中浸泡 1～2 天,晒干备用。为了消毒防霉,鱼巢常用 0.3%的福尔马林浸泡 5～10 分钟,或 0.001%的高锰酸钾溶液浸泡 30 分钟。将晒干的鱼巢扎把后吊挂在绳子或竹竿上,放入池中。

(三)亲鳅入池

亲鳅雌、雄比例按 1∶(2～3)放入产卵池。亲鳅入池宜选择晴天且水温达到 20℃以上时进行。亲鳅亩放量为 600～800 尾。

(四)采集受精卵

鱼巢用桩固定在产卵池四周或中央。当水温 20℃以下时,泥鳅往往在第二天凌晨产卵。5～6 月份水温较高时,泥鳅多在夜间或雨后产卵。自然产卵多在上午结束。水泥池中也可在鱼巢下设置承卵纱框以承接脱落下来的受精卵,以利于孵化。承卵纱框可用木制框钉上窗纱并拉紧,放入时用石块压住。附着了受精卵的鱼巢和承卵纱框要及时取出放入孵化池孵化育苗,以免受精卵脱落或被亲鳅大量吞食。由于泥鳅卵黏性较差,操作时要分外小心,防止受精卵脱落。同时放入新的鱼巢,让尚未产卵的泥鳅继续产卵。

三、人工催产繁殖

(一)成熟泥鳅的鉴别

亲鳅成熟度的情况涉及人工催产乃至受精卵好坏与孵化率的

高低。一般雄鳅能挤出精液，较易判别。雌鳅要求卵巢发育正处于成熟阶段最好，不成熟或过度成熟便会使人工繁殖失败；接近成熟阶段则可以采用人工催熟。鉴别亲鳅成熟程度通常采用“一看二摸三挤”的方法。首先目测泥鳅体格大小和形状。一般较大的泥鳅，在生殖季节雌鳅腹部膨大、柔软而饱满，并呈略带透亮的粉红色或黄色；生殖孔开放并微红，表示成熟度好、怀卵量大。雄鳅的腹部扁平，不膨大，轻挤压有乳白色精液从生殖孔流出，精液入水能散开，精子镜检很活泼，表示成熟度好。若要检查卵的成熟情况，则轻压雌鳅腹部，卵即排出，呈米黄色半透明，并有黏着力的则是成熟卵。如需强压腹部才排出卵，卵呈白色而不透明，无黏着力的则为不成熟卵。初期过熟卵，卵呈米黄色，半透明，有黏着力，而受精后约1小时内逐渐变成白色。中期过熟卵，卵呈米黄色，半透明，但动物极、植物极颜色白浊。后期过熟卵，原生质变白，极部物质变成黄色液体。

从生产实际需要看，预先估计亲鳅怀卵量和产卵率是必要的。有关雌鳅体重和怀卵量、产卵率的关系前文已讲述，可用以参考。另外，解剖统计资料表明，体长达5厘米左右时，两个卵巢愈合一起成为一个完整的卵巢，并由前向后延伸，卵子发育正常。产卵之前卵巢重为体重的13.2%，产卵之后为1.6%。怀卵量（N，卵粒数）与鳅的体长（L，厘米）的关系大致为：

$$N=3.08L^{4.4867}\times10^{-6}$$

据测试，体长8厘米的泥鳅，怀卵7 000粒左右；体长15厘米的个体，怀卵15 000粒左右；体长20厘米的个体，怀卵24 000粒，个别达60 000粒。雄鳅有精巢1对，扁带状，不对称。精子直径1.6微米。体长10厘米的雄鳅，其精巢内约有6亿个精子。精巢重量（T，毫克）与体长（L，厘米）的关系大致为：

$$T=1.166L^{4.9071}\times10^{-5}$$

(二)催产工具及药品配制

选用容量为1～2毫升的医用皮试注射器数支,5号针头数个,20毫升注射器3支,直径6厘米的乳钵2只,有刻度的锥形量筒1只,纱布数块,盛催产泥鳅用的瓷盆、水桶各1只。

在1 000毫升的蒸馏水中溶入氯化钠7.5克,氯化钾0.2克,氯化钙0.4克,制成林格氏液;在1 000毫升的蒸馏水中溶入6.0克氯化钠,配制成鱼用生理盐水。

(三)催情药品

催情用的药品以选用绒毛膜促性腺激素为好。按每尾用量直接加0.1～0.2毫升生理盐水或林格氏液配制而成。每尾雌鳅用量在1～2毫克范围内,用量的多少应视亲鳅个体大小、催产时期的早晚、水温的高低而定。一般水温在25～30℃时,正是繁殖盛期,催产剂量可低些;水温在25℃以下或30℃以上时,可适当高些。雄鳅减半注射。每尾雌鳅也可注射鲤鱼垂体研磨液0.5毫升,雄鳅减半。但因成本较大,一般不采用。

(四)人工催产自然受精

1. 催产期　人工催产时间常比天然繁殖时间晚1～2个月,江浙地区一般在5月底至6月底进行人工繁殖。此时水温在22℃左右。也可以在家鱼人工繁殖中期进行泥鳅人工繁殖,此时如池塘养殖的泥鳅吃食量突然下降,表明性腺已成熟,是催产的时候了。同时还可采取抽样检查,如发现有些雌鳅腹部体侧有一白斑,也表明其性腺已完全成熟,可以进行催产。

2. 雌、雄比例　雌、雄鳅配比与个体大小有关。亲鳅体长都在10厘米以上时,雌、雄配比以1∶(2～3)为宜。如雄鳅体长不到10厘米时,雌、雄比应调配为1∶(3～4)。

3. 注射催产剂

(1)准备工作:催产用具预先进行消毒。如果是玻璃注射器,可用蒸馏水煮沸进行消毒，不能用一般自然水，因为自然水煮沸时容易在玻璃内壁形成薄层水垢，导致注射器阻滞。消毒后的器具应放置有序，避免临用时忙乱、污染。注射器、针头、镊子等最好放置在填有纱布的瓷盘中加盖。

(2)催产剂选择及用量：人工催产是对已达到适当成熟的亲鳅(雌鳅卵巢处在Ⅳ期末)，在适当温度下通过催产剂作用，使鳅体内部发生顺利的连锁反应，而达到产卵的目的。在这种情况下，卵膜吸水快，膨压大，受精率高，胚胎发育整齐、畸形胚胎少，孵化率高，最后所获苗种体格健壮，发育正常。当亲鳅成熟度和外界水温达到生殖要求后，催产剂的注射便是关键。应正确选择催产剂的品种和用量。一般是使用自己熟悉的催产剂及其品牌，这样工作起来容易做到心中有数。就目前说，泥鳅人工繁殖催产剂一般选HCG(绒毛膜促性腺激素)，或 PG(脑垂体)，或 HCG 加 PG。而LRH-A(促黄体生成素释放激素类似物)单独使用，往往效果不好。有时采用 HCG 或 PG 加 LRH-A。

从用量来说，因催产剂除了能使亲鳅正常产卵排精外，还能在短期内促使亲鳅性腺成熟，所以用量一定要掌握好。用量过多，不仅浪费，还会影响卵的质量。催产剂用量的原则有以下几点：一是早期用量适当偏高，一般比中期用量高 25%左右。这是由于早期水温较低，生殖腺敏感度差些，催产剂用量稍高可强化对卵巢膜的刺激促产作用。二是早期适当增加脑垂体用量，一般比中期用量高 30%～50%。这是由于亲鳅早期成熟度差，增加 PG 用量可在短期内促进卵细胞成熟。三是在整个生产过程，对成熟度差的雌鳅都可增加脑垂体。四是对腹部膨大的雌鳅，宜适当减少催产剂用量。五是避免脑垂体总量过大，以免引入较多异体蛋白而影响卵、精子的质量。对雄鳅注射量一般为雌鳅的一半。但在催产季节的中、后期，许多雄鳅在没有注射催产剂时，精液已很丰富，即使不作注射，也不致影响雄鳅发情和卵的受精率。此时如作注射，反会引起精液早泄而不利于受精。

催产剂要用生理盐水或林格氏液来配制，从实践来看，一般以每尾泥鳅注射量 0.1～0.2 毫升为宜，如配制太稀，会造成注入鳅体量太多，对吸收或鳅体承受不利；如太浓，针头易阻塞或一旦注射渗漏，造成有效注入剂量不足。

配制催产剂的量要根据泥鳅数量来估计（适当放量，因为在操作时不可避免地会有损失）。药液最好当天用完，如有剩余则可贮存在冰箱冷藏箱中，一般 3 天内药效不会降低。也可将药液装瓶密封，挂浸在井水之中第二天再用。如怀疑药效有降低，则可用来注射雄鳅，不致浪费。

（3）注射时间安排：催产剂注射后有一个效应时间，效应时间是指激素注射后至达到发情高潮的时间。效应时间长短与成熟度、激素种类、水温等有关。一般来说，其他条件相同与水温的关系较为密切（表 2）。因此，可根据催产后亲鳅所在环境水温的高低，推算达到发情产卵的时间，以便安排产卵后的工作。

表 2 催产剂效应时间与水温间的关系

水温（℃）	效应时间（小时）
20	15～20
21～23	13
25	11
27 以上	7～8

（4）注射方法：泥鳅个体小，多采用 1 毫升的注射器和 5 号针头进行注射。每尾注入 0.2 毫升（雌鳅）或 0.1 毫升（雄鳅）的药液。泥鳅滑溜，较难用手持住操作，故注射时需用毛巾将其包裹，掀开毛巾一角，露出泥鳅注射部位。注射部位一般是腹鳍前方约 1 厘米的地方，避开腹中线，使针管与鳅体呈 30°角，针头朝头部方向进针，进针深度控制在 0.2～0.3 厘米。也可采用背部肌肉注射，注射部位一般是背鳍前方约 1 厘米的地方，避开背中线，使针管与鳅体呈 30°角，针头朝头部方向进针，进针深度控制在 0.2～

0.3 厘米(图 5)。为了准确掌握进针深度,可在针头基部预先套一截细电线上的胶皮管,只让针头露出 0.2～0.3 厘米。为便于操作,可将泥鳅预先用 2%的丁卡因或鱼安定 MS-222 0.1 克/升水,浸泡麻醉后再行注射。

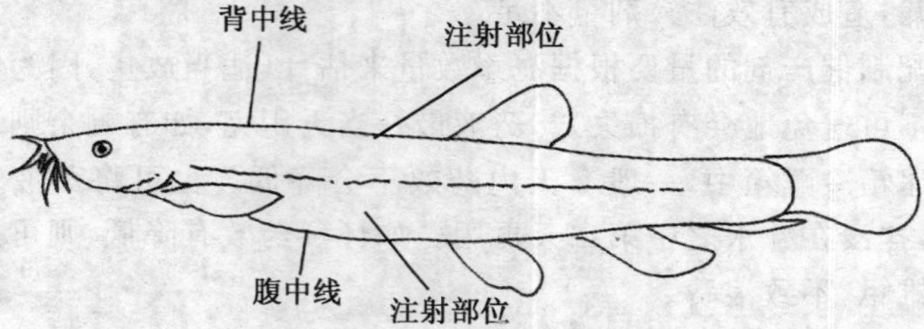

图 5　亲鳅催情注射部位

泥鳅在自然环境中繁殖时,发情时间一般在清晨,通常 10 时左右自然产卵结束。如果考虑泥鳅自然生活节律,为了催产效果更好,以每天下 6 时左右安排进行催产剂注射较好。

(5)自然交配受精:经注射催产剂后的亲鳅可放在产卵池或网箱中进行自然交配受精。将预先洗净消毒扎把的鱼巢布设在产卵池或网箱中。

一般网箱规格为 2 米×1 米×0.5 米(长×宽×高),每只网箱放亲鳅 50 组。

雌、雄鳅在未发情之前,静卧产卵池或网箱底部,少数上下蹿动。接近发情时,雌、雄鳅以头部互相摩擦、呼吸急促,表现为鳃部迅速开合,也有以身体互相轻擦的。雌鳅逐渐游到水面,雄鳅跟上追逐到水面,并进行肠呼吸,从肛门排出气泡。当一组开始追逐,便引发几组追逐起来。如此反复几次追逐,发情渐达高潮。当临近产卵时,雄鳅会卷住雌鳅躯体,雌鳅产卵、雄鳅排精。雄鳅结束了这次卷曲动作，雌、雄鳅暂时分别潜入水底。稍停后，开始再追逐，雄鳅再次卷住雌鳅，雌鳅再次产卵、雄鳅排精。这种动作要反复进行 10～12 次之多，体形大的次数可能会更多。由于雌、雄鳅成熟度个体差异以及催产剂效应作用的快慢不同，同一批亲鳅的这种卷体排卵动作之间间隔时间有长有短。有人观察，在水 25℃时，有些泥鳅两次卷体时间间隔 2 小时 20 分钟之多，有的间隔为 20 分钟，时间间隔短的仅 10 分钟左右(图 6)。

图 6　泥鳅产卵示意图

每尾雌鳅一个产卵期共可产卵 3 000～5 000 粒。卵分多次产出，一般每次 200～300 粒。受精卵附着在鱼巢上，如鱼巢附着的卵较多时，应及时取出，换进新的鱼巢。泥鳅卵的黏性较差，附着能力弱，容易脱落。产卵池中的鱼巢下同样要设置可浮性纱框，承接落下的受精卵，以便提高孵化率。产卵结束后，将亲鳅全部捞出，受精卵在原池或原网箱或其他地方孵化，避免亲鳅吞食受精卵。

(五)人工催产人工授精

由于泥鳅是分批产卵的，让其自然产卵受精往往产卵率和受精率不高。如采用人工授精,可获得大批量受精卵,效果较自然受精好得多。

人工催产人工授精往往比天然繁殖时间晚1～2个月,一般在5～6月份、晴天水温较高时进行。这时如培育的亲鳅食量突然减少,说明是催产的时机到了。人工授精的地方应在室内,避开阳光直射。

人工催产人工授精的大体过程是:注射催产剂→发情高潮之前取精巢→制备精液→挤卵→同时射入精液→搅拌→漂去多余精液和血污物。为了做到忙而不乱有节奏地工作,一般3～5人为一个组合,操作时动作要迅速、轻巧,避免损伤受精卵。人工授精的关键是适时授精,否则会影响受精率和孵化率。

1.人工催产　人工催产是对雌、雄亲鳅注射催产素,注射方法与前述相同。为做到适时授精,必须根据当时水温和季节准确估计效应时间,以便协调制备精液以及挤卵工作。

2.人工授精　当临近效应时间之时,要经常检查网箱内亲鳅活动,如发现有雌、雄鳅到水面追逐激烈,鳃张合频繁、呼吸急促时,说明发情高潮来临。轻压雌鳅腹部,若有黄色卵子流出并卵粒分散,说明受精时机已到,应迅速进行授精。

(1)精液制备:在发情高潮来临之前应及时制备精液。由于泥鳅的精液无法挤出,所以要进行剖腹取精巢。雄鳅精巢贴附在脊椎的两侧,为两条乳白色的精巢。剖开腹部寻到精巢,用镊子轻轻地取出精巢,放在研钵中,再用剪刀将其剪碎,最后用钵棒轻轻地研磨,并立即用林格氏液或生理食盐水稀释。一般每尾雄鳅的精巢可加入20～50毫升的林格氏液。要避免阳光照射,并防止淡水混入,以保持精子的生命力。精液制备完成,马上进行人工授精。

(2)人工授精:人工催产的泥鳅,可以让其自行产卵受精,也可以进行人工授精。由于泥鳅是分批产卵的，卵常常被亲鳅吞吃掉。因此，自行产卵的受精率往往不高，获得的卵也不多。而采用人工授精的方法，则可获得较好的效果。在人工授精前，应准备好鱼巢和其他授精所需的用具（如瓷盆、纱布、羽毛等），并把这些用具清洗干净，放在阴凉处。人工授精操作宜在室内进行，动作要迅速，操作要轻巧，以免损伤亲鳅。

人工授精的关键是要掌握适时授精。授精时间可根据不同水温下的效应时间进行推算。一般水温在 28～32℃时，效应时间为 6～8 小时；水温在 25℃左右时，为 10 小时左右；水温在 25℃以下时，一般为 12～14 小时；水温在 20℃左右时，效应时间要在 18 小时以上。

在临近效应时间时，要及时检查网箱里的泥鳅，若发现雌、雄鳅追逐厉害，尤其是雌、雄鳅呼吸急促并从肛门排出气泡，则说明发情高潮已来临。此时如挤压雌鳅腹部，有金黄色的卵粒流出并游离，说明授精时间已到，应立即进行操作。具体做法是：将发情剧烈的亲鳅捕起。在规模不大时，可用一白瓷碗，装盛适量清水，一人将成熟雌鳅用毛巾或纱布裹住，露出腹部，以右手拇指由前向后轻压，将成熟卵挤入瓷盆中。另一人用 20 毫升注射用针筒吸取精液（不装注射针）浇在卵子上。第三个人一手持住大碗轻轻摇晃，另一手用鹅毛轻轻搅拌，使精液充分接触卵子。数秒钟后加入少量清水，激活精子并使卵子充分受精，随即将受精卵进行孵化。大规模生产时，用 500 毫升烧杯，加入 400 毫升林格氏液，以同样的操作组合，尽快将卵挤入，同时用鹅毛搅拌，经 4～5 分钟后，倒掉上层的林格氏液，添加新林格氏液，洗去血污。把预先配制的精液倒入烧杯中，同时用羽毛搅拌，使精卵充分混合，再将受精卵进行孵化。

四、泥鳅的孵化

(一)胚胎发育过程

泥鳅孵化过程实际上就是胚胎发育过程。泥鳅卵圆形，直径0.8毫米左右，受精后因卵膜吸水膨胀，卵径增大到1.3毫米，几乎完全透明。成熟卵弱黏性，卵球分化有动物极和植物极。动物极为原生质集中的一端，植物极为卵黄集中的一端。当水温为19.5℃，从动物极原生质隆起形成胚盘似帽状，约占卵球高度的1/3，胚盘经细胞分裂进入桑葚期历时7小时15分钟。之后历经囊胚期、原肠期、神经胚期、肌节出现期、尾泡形成期，这时器官逐步形成，眼囊、嗅囊、尾芽、耳囊、尾鳍褶、晶体、耳石相继出现，心脏原基开始有节律地跳动，心率约48次/分。经48小时45分钟，胚体剧烈扭动，泥鳅苗从卵膜内孵出。

在一定水温(19.5℃)条件下泥鳅胚胎及早期鳅苗发育阶段见表3。

表3 泥鳅胚胎及早期鳅苗发育的主要阶段

主要发育阶段	时间(小时 分) (从受精起计)	发育特征
受精卵	0 00	微黏性，半透明，卵径0.98～1.17毫米
胚盘形成	0 15	动物极隆起形成帽状胚盘
二细胞期	0 25	胚盘分裂为2个分裂球
囊胚期	3 38	分裂球界限不清，形成囊胚，囊胚占卵1/2
原肠中期	6 10	囊胚向下包至卵黄约1/2
胚孔封闭期	9 20	胚体完全包裹卵黄
肌节出现期	10 10	胚体中部出现2对肌节
尾芽出现期	15 50	胚体尾部形成钝角状芽突

续表 3

主要发育阶段	时间(小时 分)(从受精起计)	发育特征
肌肉效应期	18 20	胚体肌肉出现间歇性收缩
心跳期	22 50	管状心脏原基出现节律跳动
出膜期	31 20	胚体扭动，由尾部冲出胚胎外膜，鳅苗全长 2.8～3.5 毫米
眼点期	35 02	眼囊出现黑色素
鳃形成期	45 10	胚体头部出现 2 对呼吸鳃
卵黄囊消失期	87 30	卵黄囊基本消失，鳅苗全长 4.7～5.3 毫米

水温的高低是直接影响鳅苗孵化率的一个因素。孵化最适水温是 25℃，水温低则孵化率低。但只要管理得当，孵化率就可达 90％以上。孵化时间的长短与水温高低有着密切关系(表 4)。

表 4　鳅苗孵化时间与温度的关系

水温(℃)	孵出所需时间(小时)
14.8	117
18	70
20～21	50～52
24～25	30～35
27～28	25～30

鳅苗从开始出膜直至全部出膜所需时间也和水温有关(表 5)。

表 5　不同水温与孵化时间的关系

水温(℃)	孵化所需时间(小时)	
	开始孵化	孵化完成
15±0.5	109	124
20±0.5	49	56
25±0.5	31	37
30±0.5	19	23

(二)孵化方式

泥鳅受精卵孵化方式因获得受精卵的方法不同而有不同。

附着受精卵的鱼巢可采用多种方法孵化,一般用经生石灰清整消毒过的鱼池即可,不必另设孵化池。如果数量集中而较多时,应另建孵化池。孵化池为面积约 15 平方米的长方形池,四周建高出地平 30 厘米池埂。每池可育 50 万泥鳅苗,如有微流水条件密度还可增加。青蛙是这种孵化池孵化中的最大敌害,应防止青蛙和蝌蚪侵入。所以要在池上覆盖草席,既防青蛙进入,又防阳光直射。另外也可采用网箱孵化。孵化网箱用聚乙烯网布制成,面积以 5～10 平方米为宜,箱壁高出水面 30 厘米。网箱可设在静水或微流水处,水深不超过 50 厘米,孵化密度为 500 粒/升水左右。静水中密度适当减小,微流水中密度可增加(图 7)。

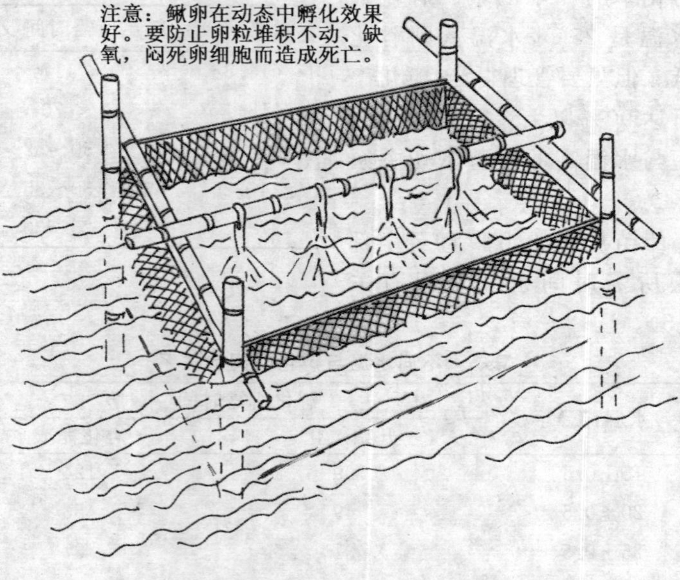

图 7 网箱静水或微流水孵化

如经过脱黏处理，也可在孵化缸、孵化槽、孵化环道孵化。具体采用何种形式按规模大小而定。人工授精卵可用孵化缸孵化，密度以 500～600 粒/升水为宜。孵化用水要预先经过沉淀、过滤，防止泥沙污物及敌害生物进入(图 8)。

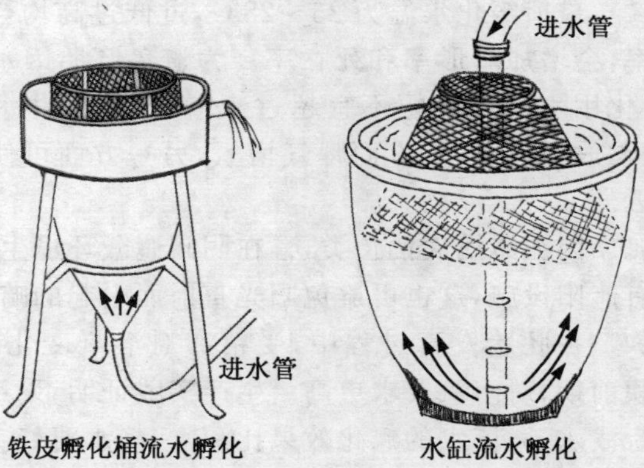

图 8　孵化桶和孵化缸流水孵化

采用纱框承卵的，承卵纱框浮起后可作为孵化框。纱框承卵可安放或自由飘浮在静水或微流水池中孵化。

也可采用浅筐或用砖垒，或挖池成坑后，在其中铺填塑料膜，用于亲鳅产卵兼受精卵孵化池。还可设计成立体式、多层的工厂化孵化育苗车间。

(三)孵化管理

孵化率的高低，除了和雌、雄鳅成熟度有关之外，还和水质、水温、溶氧、水深、光照等因素有关。泥鳅卵孵化密度一般为 1 升水中放受精卵 500～600 粒。孵化用水要经过严格过滤，以防敌害生物进入孵化缸。孵化缸内的水流速度大小，以能翻动未附于鱼巢上的卵即可。出膜时，流速要稍稍加大，直至鳅苗平游，再调小流量。因为刚刚出膜的鳅苗和卵膜的溶化都要消耗大量氧气，而鳅苗的体质非常嫩弱，若水的流速太大，鳅苗一直平游，则会使其夭折。

1. 水质　河水、水库水、井水、澄清过滤后的鱼塘水及曝气后的自来水、地下水等均可作为孵化用水。孵化用水的水质要求是清洁透明，不含泥沙，无污染，无敌害生物，pH 7 左右，溶氧高。

2. 水温　最适孵化水温为 25～28℃，过低过高均会影响孵化率及成活率，会增加畸形率和死亡率。为避免胚胎因水温波动引起死亡，孵化用水温度变幅不宜超过±3℃。如是井水和地下水等，应预先贮放在池中，一方面曝气增氧，另一方面可使水温和孵化用水接近。

3. 光照　因泥鳅属底栖鱼类，喜在阴暗遮蔽环境生活，所以孵化环境设有遮阳设施，这也可避免阳光直射而引起的畸变和死亡。

4. 溶氧　在胚胎发育过程中，受精卵对溶氧变化较为敏感。尤其在出膜前期，对溶氧要求更高。生产实践证明，采用预先充气增氧后进行浅水、微流水的孵化效果比深水、静水要好。但在增氧流水时应避免鱼巢上受精卵脱落堆集粘上泥沙而影响孵化率。所以黏着孵化时要求水深 20～25 厘米，尽量少挪动鱼巢，以免脱落受精卵。为保证孵化时受精卵对水中溶氧的需求，孵化密度不能太高。如有流水则可提高孵化密度。

5. 控制水量　在正常孵化过程中，水流的控制一般采用“慢—快—慢”的方式。在孵化缸中，卵刚入缸时水流只需能调节到将受精卵翻动到水面中央处即可，这时大约 20 分钟能使全部水体更换一次。孵化环道中则以可见到卵冲至水面为准，即流速控制为 0.1 米/秒，大约每 30 分钟可使水体更换一次。胚胎出膜前后，必须加大水流量，这时孵化缸要增加到每 15 分钟便使全部水体更换一次；孵化环道水流速提高到 0.2 米/秒，大约每 20 分钟可使水体作一次交换。当全部孵出后，水流应适当减缓，并及时清除水中卵膜。当鳅苗能平游时水流应再减小，以免幼弱的鳅苗耗力过大。

6. 清洗除污　在孵化缸、孵化环道中应经常洗刷滤网，清除污物。出膜阶段及时清除过滤网上的卵膜和污物。

7. 及时取出鱼巢　鳅苗孵出后往往先躲在鱼巢中，游动不活跃，之后渐渐游离鱼巢。这时可荡出鳅苗，取出鱼巢，洗净卵膜，除去鱼巢丝须脱落的部分，重新消毒扎把，以作再用。

五、影响泥鳅产卵量、受精率和孵化率的因素

据肖调义等对泥鳅生物学研究，泥鳅产卵量与其年龄、体长有关；受精率、孵化率受水域的 pH、水温等的影响很大；鳅卵的黏附性与鱼巢材料有密切的关系。

（一）产卵量与年龄、体长的关系

不同年龄、不同体长泥鳅的产卵量不同。雌鳅体长为151～200 毫米以及 200 毫米以上的，相对产卵量要比体长 100～150 毫米的高出 1 倍。4～5 龄的产卵量为 1～3 龄产卵量的 2.2 倍。相对产卵量变幅在每克体重 22 粒以上(表 6、表 7)。

表 6　不同体长泥鳅的繁殖效果比较

体长范围（毫米）	平均体长（毫米）	相对产卵量（粒/毫米）	受精率（%）	孵化率（%）
100～150	135.7	22.05	91	80.2
151～200	174.2	43.39	92	81.0
200 以上	209.3	48.82	90	80.6

表 7　不同年龄泥鳅的繁殖效果的比较

繁殖指标	年龄(年)				
	1	2	3	4	5
一次产卵量(粒)	1 754	3 388	4 650	10 471	16 172
相对产卵量(粒/克)	109.6	110.4	110.9	132.2	141.7
受精率(%)	77.1	85.6	91.7	93.7	90.0
孵化率(%)	82.3	84.2	81.6	83.6	81.1

(二)受精率、孵化率与水质的关系

1. pH 鱼类对水体 pH 变化十分敏感。唐东茂(1998)报道,采用氢氧化钠和硫酸调节水体 pH,成四个不同梯度,按性比 1∶1 配组进行泥鳅人工繁殖试验,结果表明,水体 pH 对泥鳅繁殖效果有明显的影响,以 pH 6.5～7.0 的水体效果最佳(表 8)。

表 8 不同 pH 水体中泥鳅繁殖效果

pH	相对产卵量(粒/克)	受精率(%)	孵化率(%)	备注
5.6～6.0	0	0	0	50%死亡
6.5～7.0	136.4	71.8	78	
7.5～8.0	22.3	47	62.3	
8.5～9.0	17.4	34	57.4	

2. 水温 不同水温对繁殖效果产生明显的差别。肖调义(1999)及唐东茂分别统计了 7 个和 5 个温度段时的繁殖效果(表 9、表 10)。试验的结果都说明了温度不同,繁殖效果不同。以在 24～26℃水温中繁殖效果最好。其中具体数据有差别,这可能和使用的催产剂种类以及亲鳅成熟度有关。

表 9 不同水温时泥鳅繁殖效果

繁殖指标	水温(℃)						
	16～18	18～20	20～22	22～24	24～26	26～28	28～30
产卵率(%)	25	75	100	100	100	100	100
相对产卵量(粒/克)	23.3	117.6	114.3	115.4	117.4	113.6	111.5
受精率(%)	30	83	89	92	91	90	89
孵化率(%)	20.0	43.0	72.0	73.5	77.4	60.1	51.6
效应时间(小时)	20	17	16	13	11	9	6
孵化时间(小时)	48	45	37	34	31	29	27

唐东茂(1998)报道,LRH-A也适用于泥鳅人工繁殖,但水体温度对其药效影响很大,在注射LRH-A都为30毫克/尾条件下,不同水温繁殖效果不同(表10)。

表10 不同水温时泥鳅繁殖效果

繁殖指标	水温(℃)				
	16～18	18～20	20～22	22～24	24～26
效应时间(小时)	37.5	22.7	14.7	10.5	9.0
孵化时间(小时)	48.5	35.0	27.0	25.0	21.5
相对产卵量(粒/克)	96.0	108.2	110.0	134.5	176.0
受精率(%)	71.7	87.0	90.0	93.8	94.6
孵化率(%)	76.0	82.5	83.2	83.8	86.3

3. 繁殖效果与催产剂的关系　张玉明(1999)认为,单独使用LRH-A几乎对泥鳅不起作用,要与HCG联合使用,对一些性腺发育较差的亲鳅,使用低剂量注射即能获得理想的催熟效果。表现为鳅卵核能较快地偏位,雄鳅精液增多,其催熟作用远比脑垂体或绒毛膜激素为佳。曲景青(1993)同样认为,单独使用LRH-A对泥鳅催情几乎不起作用,起作用的是PG、HCG和PG加LRH-A。但从成本考虑,以选用HCG为宜。每尾雌鳅用HCG 1～2毫克,具体用量视亲鳅大小、催产时期及水温高低而增减。而唐东茂(1998)报道,在雌、雄鳅性比为1∶1时,使用LRH-A作为催产剂注射。配制时用0.6%鱼类生理盐水溶解成所需浓度,以雌鳅每尾注射0.2毫升,雄鳅减半。在泥鳅背部肌肉一次注射,进针角度30°、深度3毫米。催产剂量5～45毫克/尾范围有效,而以30毫克/尾效果最好(表11)。在低剂量时催产作用不大,而浓度过高时催产效果也较弱。所以他认为单独使用LRH-A同样有效。

表 11 LRH-A 不同剂量的催产效果(水温 20℃)

组别	催产剂量(毫克/尾)	效应时间(小时)	相对产卵量(粒/克)	受精率(%)	孵化率(%)
1	生理盐水(对照组)		0	0	0
2	5		0	0	0
3	10	17.0	21.4	14.0	14.3
4	15	10.0	56.6	82.7	46.0
5	20	10.5	89.3	89.3	78.3
6	30	10.0	92.9	93.0	81.3
7	45	16.0	14.5	66.0	41.0

4. 雌、雄亲鳅不同性比与繁殖效果的关系　在 20℃水温条件下，雌鳅注射 LRH-A 30 毫克/尾，设计三种性比，即 2∶1、1∶1、1∶2，结果说明不同性比时繁殖效果是不同的(表 12)。

表 12 泥鳅不同性比的繁殖效果(水温 20℃，催产剂 LRH-A)

性比(♀∶♂)	相对产卵量(粒/克)	受精率(%)	孵化率(%)
1∶1	176	94.6	86.3
1∶2	222	97.0	90.6
2∶1	108	89.8	95.6

然而有试验证明，在使用 HCG 时，不同性比对催产后繁殖的效果无明显差异。在使用 LRH-A 时正如前述，不同性比繁殖效果却不同(唐东茂，1998)。

5. 注射催产剂的时间与繁殖效果的关系　在雌、雄亲鳅性比为 1∶1，雌鳅注射量均为 30 毫克/尾时，不同注射时间的情况下繁殖效果不同(表 13)。

表 13 不同注射时间的繁殖效果

注射时间	相对产卵量（粒/克）	受精率（%）	孵化率（%）
6 时	108.2	87.0	82.5
18 时	114.6	93.8	83.8

在自然界泥鳅的繁殖季节，发情时间一般在清晨，上午 10 时左右自然产卵结束。所以人工繁殖中宜在每天 18 时左右注射催产剂，使发育产卵时间与其在自然生活中的节律相符，使繁殖效果更好。

6. 孵化密度　由于受精卵发育耗氧量大，尤其孵出前后不仅耗氧量增加，而且卵膜、污物增多，耗氧更大，所以必须注意孵化密度。一般体积 0.2～0.25 立方米孵化缸以放受精卵 40 万～50 万粒为宜；孵化环道中受精卵分布不及孵化缸均匀，一般是内侧多外侧少，所以密度应是孵化缸放卵量的 1/2 左右；采用孵化槽时以每升水放精卵 500～1 000 粒为宜。要是采用静水孵化的必须将受精卵撒在人工鱼巢上，以每升水放 500 粒左右的参考密度来撒放。

7. 鱼巢质量与受精率、孵化率的关系　用纤细多须材料制作的鱼巢黏附的受精卵数量更多，如用棕片作鱼巢时比水上黏附的受精卵多 4 倍，受精率和孵化率相比较没有明显的不同。

8. 亲鳅来源与受精率、孵化率的关系　从野外和养殖场获得的亲鳅繁殖效果比从商场中采购的亲鳅繁殖效果好。也就是说，作为亲鳅，经培育能大大提高受精率、孵化率(表 14)。

表 14 不同来源亲鳅繁殖效果

亲鳅来源	注射个体（尾）	平均体重（克）	产卵鳅比率（%）	平均受精率（%）	平均孵化率（%）
水田采捕(2 天后)	25	14.7	80.0	77.5	60.4
留池采捕(1 天后)	17	17.6	100.0	93.1	92.6

续表 14

亲鳅来源	注射个体（尾）	平均体重（克）	产卵鳅比率（%）	平均受精率（%）	平均孵化率（%）
养鱼场鱼池(1天后)	12	14.3	96.7	77.9	66.6
贩鱼店蓄养槽1	25	15.1	80.0	36.0	16.6
贩鱼店蓄养槽2	18	16.1	100.0	41.3	13.8

六、泥鳅人工繁殖实例

(一)山东泗水

山东省泗水县孔祥勇等报道,1998年进行泥鳅人工繁殖及苗种培育试验,获受精卵43万粒,培育各种规格苗种28.6万尾。具体做法如下。

1.池塘准备　3月底(即人工繁殖前1个多月)选避风向阳、光照充足的地方建造水泥池15个。其中面积10平方米培育池1个,池深1米;面积4.5平方米孵化池4个,池深0.5米;面积20平方米育苗池10个,池深0.8米。另设4亩池塘作为泥鳅种的培育。水泥池底平整,呈长方形,设注、排水管道。所有水泥池在使用前15天左右用水浸泡,多次冲刷,除去池中碱性,并暴晒数日。

2.亲鳅的培育　亲鳅培育池在使用前7～10天池底铺20厘米厚肥泥,每平方米用150～200克生石灰化水泼洒全池消毒,注水深40～50厘米。注水用40目筛绢过滤,以防敌害生物进入。注、排水口设铁丝网栅,防止泥鳅逃逸。

亲鳅来源于河沟捕获。5月初水温稳定在18℃左右之后,选择体长15～20厘米,体重30～50克,体格健壮、无病无伤,性腺发育良好的泥鳅作为亲鳅。性比按雌∶雄＝1∶2放养入亲鳅培育池中进行强化培育。放养密度为8～10尾/平方米。培育期间主要投喂动物碎肉、碎内脏、鱼粉等动物性饲料，日投量按存塘泥鳅体重的5%～8%投喂，并辅投喂少量米糠、麦麸及鲜嫩水草等植物性饲料。由于泥鳅喜欢夜间觅食，所以投喂以傍晚为主。每隔2～3天冲换新水1次，每次换去池水的1/4～1/3。

3. 人工催产　5月20日左右选晴天，水温达到20℃以上后，从培育池中选择性腺发育成熟的亲鳅。具体判别是，雌鳅腹部圆大，轻压腹部有无色透明的卵粒流出；雄鳅精液充沛，挤压腹部有乳白色精液流出。人工催产全部采用肌肉注射，每尾雌鳅注射HCG 800～1 000国际单位，雄亲鳅减半。注射器为1～2毫升针管和5号针头，在背鳍前下方两侧肌肉注射，注射时针头朝泥鳅头部方向呈45°角，插针深约0.4厘米，注射溶液量为0.2毫升/尾，雄鳅减半。注射后的亲鳅为便于人工授精，将雌、雄分开放养于设置在培育池中的两个网箱，规格为1米×1米×0.5米，网目为0.3～0.5厘米。随时观察发情状况，以便适时进行人工授精。

4. 人工授精　注射催产剂后的亲鳅，在水温20℃左右时，经约20小时即可发情产卵。表现为雌鳅到水面向前游，雄鳅在后面追逐紧迫。雄鳅往雌鳅身上卷，雌鳅便产卵。这是自然产卵发情高潮。在其他雌鳅尚未产卵之前便可立即将亲鳅捞出进行干法授精。方法是：用干净毛巾擦干雌鳅体表的水，将其卵挤入瓷碗、瓷盆或塑料盆中，并立即进行雄鳅挤精。1尾雌鳅配2尾雄鳅精液，经用羽毛搅拌约3分钟，使精液与卵粒混匀。充分受精后，将受精卵撒在鱼巢上，放入孵化池中进行静水孵化。鱼巢用洗净的柳树根、小草等扎成小束做成，预先用浓度为20毫克/升的高锰酸钾溶液消毒。整个受精过程避开强光进行。

5. 人工孵化　孵化前10天，孵化池用生石灰彻底消毒，待药效消失后，注水深30厘米，把粘满卵粒的鱼巢扎在竹竿架上，用石块附入水面之下。密度以每平方米2万～3万粒卵为宜。池顶覆盖帆布，避免强光照射。水温20℃左右时3～4天即可孵出鳅苗。

刚孵出的鳅苗体长 2.5～3.6 毫米，不能自由活动，以其头部吸附在鱼巢及池壁上，3 天后开始游动，这时可取出鱼巢，投喂饵料。孵化期间为防止水质恶化，水体缺氧，使胚胎发育中断而死亡，应定期向池中加入新水，保持水质清新，溶氧充足。同时为防止卵发生水霉病，通常可用 2%～3%的食盐水浸洗 5～10 分钟或用 0.04%小苏打和食盐混合液浸洗粘满卵粒的鱼巢。当鳅苗全部出膜之后，立即把死卵捞出，以免死卵腐烂造成水质恶化。

鳅苗出膜后，呈透明的"逗点"状。苗细小，体长 3～3.7 毫米，背部黑色，可明显看见卵黄囊。孵出后 6～8 小时，体色逐渐变黑，体长可达 4.1 毫米；孵出 12 小时后，可见位于卵黄囊前下方的心脏在微弱地跳动；孵出后 40 小时，体长 4.6 毫米，眼睛由灰色逐渐变为黑色，卵黄囊缩小，口下位，开始能够活动；55～60 小时后，体长达到 5.3 毫米，卵黄囊全部消失，尾鳍条出现，胸鳍显著扩大，鳔也出现，此时肠管内充满食物，鳅苗开始主动摄食。因此，在鳅苗孵出后第三天，要投喂熟蛋黄（须研成粉末状，再用水调成悬浊液），1 日 2 次，1 次 1 只（每 10 万尾鳅苗）。投饲时水量要调小些，连喂 3 天，待鳅体颜色由黑色转成淡黄色时，即可出缸下池进行稚鳅培育。

（二）济南市淡水养殖试验场

济南市淡水养殖试验场（1974）进行泥鳅人工繁殖试验，获卵 2 万余粒，其中受精卵 1.5 万粒，孵化出泥鳅苗 8 000 多尾。具体做法如下。

1. 催产前的准备　亲鳅由济南郊区和东平湖、微山湖等处收购，并从中选出 30 组，每组雌、雄配比为 1∶1。选出后即行催产注射。

催产剂为鲫鱼干燥垂体，该垂体取于 4～6 尾/500 克活鲫鱼，经丙酮脱水保存，用时加 0.6%生理盐水。

催产前将亲鳅用湿纱布包好放在大型解剖盘中测体长，用天平称体重，雌、雄鳅分别做记录，其中雌、雄鳅各 30 尾。雌鳅体长

22～25 厘米，体重 50～60 克，大的 70～80 克；雄鳅体长 18～23 厘米，体重 45～50 克，大的 60～70 克。

2. 催产剂注射　预先将干燥鲫鱼垂体放在研钵中，研成粉末，再用 0.6%生理盐水配成悬浊液。每尾泥鳅均注射 0.5 毫升，其中雌鳅注入的含垂体 4 个，雄鳅注入的含垂体 3 个。注射方法是：用湿纱布将泥鳅包好露出腹部和腹鳍，腹部向上，用 5 毫升玻璃注射器，配 5.5 号针头，吸取悬浊液在泥鳅腹鳍前方中线部位一次性注射。注射后的泥鳅，试验期间均成活，没有发生死亡。

3. 发情产卵　6 月 29 日 18 时，将上述 30 组亲鳅全部注射完毕，并在室内和室外作对照观察。室内用长圆形玻璃培养缸暂养，装盛清水深 20 厘米，共 3 组。水温 25℃。室外用长方形网箱，用筛绢制成，网箱放置在环道孵化池中，具微流水，共 27 组。水温 26.5℃。

室内组第二天 5 时开始发情产卵，从注射到产卵历时 11 小时。室外组于第二天 3 时发情产卵，从注射到产卵历时 9 小时，到 5～6 时产卵活动更为激烈。

室内、室外观察到的发情产卵情况基本一致。未发情之前都静静地卧在底部，少数上下游动。发情开始先有一组开始追逐，随后引发各组追逐，呼吸频急，头部和身体相互摩擦。高潮时雄鳅卷在雌鳅身体上，雌鳅排卵，雄鳅排精，这类动作反复 10～12 次。

4. 孵化　孵化均未用人工鱼巢。

用培养皿和大型解剖盘孵化时由于水体浅、换水不及时而只有少量孵出。

室内用脸盆，增加水量，全部孵出；室外用家鱼集卵网箱放置环道孵化池微流水孵化，网箱内受精卵容易堆集，需改进。

孵化水温 25～26.5℃，自受精至鳅苗破膜经 24 小时左右。孵出泥鳅苗体长 3 毫米左右，比其他淡水鱼苗要小，但黑素浓。显微镜观察，卵黄面积从生殖孔到头部，占面积比例为 59%～60%。泥鳅苗侧卧时间较长，一般要 50 多小时，如不注意观察，看来好像静止不游动。

（三）辽宁盘锦

辽宁省盘锦市向冰等报道，2008年进行泥鳅人工繁殖及苗种培育试验，试验在养殖场室内进行，水源来自附近天然河水。亲鳅来源于当地收购天然水体中捕捉的泥鳅。受精卵采用自行设计的孵化缸流水孵化。试验方法及结果概述如下。

1. 亲鳅的选择与培育　选择体质健壮，无病无伤，性腺发育良好的泥鳅作为亲鳅。雌鳅要选择2～3冬龄，体长10厘米以上（最好是15～20厘米），体重18克以上（最好是30～50克），腹部膨大且柔软有弹性，体色呈橘黄色具有光泽，腹部白色明显的个体；雄鳅也要选择2～3冬龄，体长10厘米以上（最好是15～20厘米），体重12克以上（最好是20～40克），行动敏捷的个体。

选择亲鳅后应设专池培育，培育池使用前7～10天池底铺20厘米肥泥，每平方米用150～200克生石灰化水泼洒全池消毒，注水40～50厘米，注水用40目筛绢过滤，防止有害生物入池，在注、排水口用铁丝设置防逃网。放养密度8～10尾/平方米。应加强施肥，保持水质中性或微碱性，水色呈黄褐色或绿褐色。培育期间主要投喂动物碎肉、内脏、鱼粉等动物性饵料，日投喂量占亲鳅体重的5%～8%，并辅以少量米糠、麦麸及鲜嫩水草等植物性饵料。由于泥鳅喜欢夜间觅食，投喂应以傍晚为主。每2～3天冲换新水1次，每次换池水的1/4～1/3。

2. 繁殖前的准备工作　人工繁殖用的产卵池，可选择稻田、池塘、沟渠，水深保持在15～20厘米。水泥池、大塑料盒、桶、水缸或其他容器均能作为产卵用设施。产卵场所使用前都要消毒，水深20厘米时每平方米用15～20克生石灰消毒，或者每平方米用4克漂白粉消毒。

利用人工鱼巢收集产卵池中的受精卵，移到特定的容器中孵化，这样可提高孵化率。考虑到传统鱼巢的消毒和泥鳅卵不易黏附的实际情况，此试验采用了高密的不锈钢纱网箱，悬置在产卵池中直接收集受精卵。不但解决了上述两个问题，而且可以多个网箱轮流使用，在产卵后及时取出受精卵孵化，效果较好。

3. 人工催产　晴天水温达到 20℃以上，选择成熟亲鳅，雌、雄比例按 1∶2 组成。注射催产药物：绒毛膜促性腺激素（HCG），每尾注射 800～1 000 国际单位，或促黄体生成素释放激素类似物（LRH-A），每尾注射 5～8 微克。药物要溶解在生理盐水中，雄亲鳅的剂量减半。每尾泥鳅注射液的量应不超过 0.5 毫升，以 0.2～0.3 毫升为宜，以免发生身体肿胀或药液溢出。采用注射器进行注射，注射部位以背部肌肉为好，避开腹部中线，在胸、腹鳍之间也可。针头朝头部方向与泥鳅呈 45°角进针，深度约 0.4 厘米，避免刺伤内脏。雌鳅注射 0.2 毫升/尾，雄鳅减半。泥鳅身体黏液多，很滑，为不损伤鳅体，传统上要用湿纱布包住进行注射，此法速度较慢。该养殖场的技术人员在长期实践中摸索出了一种新的方法，设计出了一种简易装置，让泥鳅在通过特制的塑料管道时被限制活动，同时又不影响进针，可以方便地进行连续注射，效率大为提高。人工催产后，将亲鳅放回产卵池网箱中。亲鳅在水温 20℃时，约经 18 小时开始产卵、受精。水温在 25℃时，约需 12 小时。水温 27℃时，只需 9 小时左右即能产卵、受精。产卵率约为 70%。交配产卵后网箱底部覆盖一层淡黄色的卵粒，及时将亲鳅捞出以防止吞吃。将黏附在网箱上的卵用水冲洗在一角，用小盆盛出。清洗卵中的杂物及碎卵。通过定量测定，受精率约为 96%。

4. 受精卵的孵化　受精卵的孵化在室内或室外都可进行，本场采用室内流水孵化，把受精卵放在孵化缸中，放卵密度为每缸 0.4 立方米放 350 毫升卵，用每立方米水放食盐 400 克加小苏打 400 克的溶液洗浴 1 小时防治水霉。孵化用水的水温变化要控制在±3℃以内。孵化水温范围为 18～31℃，适宜水温为 20～28℃。一般在水温 20℃左右，3～4 天即可孵出鳅苗。水温为 15℃、20℃和 25℃时的孵化率分别为 80%、94%和 98%。

(四)福建莆田

福建省莆田市城厢区水产技术推广站郑国洪等2003—2005年在莆田市城厢区泗华村养殖场进行泥鳅人工繁殖育苗试验。2003年育苗20万尾,2004年育苗50万尾,2005年育苗量达102万尾。现将试验技术简述如下。

1.试验地点及设施情况　试验在莆田市城厢区泗华村养鳗场进行,泥鳅人工催产在室内进行。2004年鳅苗的孵化及培育在一号、二号鳗鱼白苗池及其所放置的网箱(网箱规格为3米×1米×1.2米)内进行,一号池面积144平方米,放置网箱1#~4#,二号池面积144平方米,放置网箱5#~8#。2005年在一号、二号、四号、七号池内及其网箱中进行,一号池放置网箱1#~4#、二号池放置网箱5#~8#,四号池面积225平方米,放置网箱9#~13#,七号池面积250平方米,放置网箱14#~18#。每个池均有进、排水设施,水源由鳗场外的渠道中(系泗华坝上游流入)抽进,水质良好。

2.亲鳅来源　在繁殖季节(5月上旬至7月上旬)从市场上购买或池塘中捕捉的泥鳅中选择体质健壮、性成熟、个体较大、无伤残的泥鳅作为亲鳅,雌鳅体长13~20厘米,体重20~50克,腹部膨大饱满,皮软而富有弹性,能看到卵巢轮廓,雄鳅在10厘米以上,体重10~20克。

3.催产及注射　采用绒毛膜促性腺激素(HCG)进行注射,雌鳅每尾注射250~300国际单位,注射在傍晚进行,这样可以控制雌鳅在翌晨产卵,注射方法采用腹腔注射法,防止刺伤内脏。

4.人工授精　到了效应时间,捕起雌鳅,轻压腹部,把卵挤进盆内,随即用针筒把制备好的精液浇注到刚挤出的卵粒上,用羽毛轻轻搅拌,使卵和精子充分混合,待其受精后,除去血污等物,均匀地撒在鱼巢上。

5.孵化和管理　黏着受精卵的鱼巢,放在池塘中的网箱内进行孵化(池塘和网箱等孵化容器和工具预先经过药物消毒),采用微流水孵化,孵化水深40～50厘米,保持水质清新,每箱水体2.5～3立方米,放入受精卵7万～8万粒,经44～48小时可孵出鳅苗。

6.结果与分析 2004年莆田市城厢区水产技术推广站从5月7日起至6月25日止,共人工繁殖孵化泥鳅苗17批,产卵量约325万粒,孵出鳅苗约115万尾,平均受精率约为57%,平均孵化率约为66%;2005年该站在2004年试验批量育苗成功的基础上,进一步扩大试验规模,在试验中严格挑选性腺发育较好的亲鳅进行人工催产,受精率和孵化率均较高。从5月7日起至7月1日止,共人工繁殖鳅苗27批,产卵量约228.5万粒,孵化鳅苗约150万尾,平均受精率达81%,平均孵化率约为77.5%。

根据观察,试验的关键在于对亲鳅成熟度的鉴别和选择,在试验中,腹部膨大皮软,性成熟好的雌鳅,在适宜水温范围内,用适量的绒毛膜促性激素进行注射,可获得较好的催产、孵化效果,但一些发育不好的亲鳅经注射后,大多数是半产或不产,即使勉强挤出卵粒,大部分为白色、不透明、不游离,卵子质量差,受精率和孵化率较低。所以亲鳅的选择和鉴别是提高"二率"的关键。

(五)湖北省武汉市康祥科技公司洪北基地

何杰、郭桐、刘汉勤等(2005)报道,由中国水产科学研究院淡水渔业研究中心、河南省水利厅南湾水校、中国科学院水生生物研究所联合进行的泥鳅秋季人工繁殖及苗种培育试验,于2003年8月至10月在武汉市康祥科技公司洪北基地进行。

8月中旬挑选体长12厘米以上的泥鳅作为亲本进行秋季人工繁殖,经过25天强化培育,90%以上的亲鳅发育良好,催产雌鳅19.3千克,催产率在86%,受精率83%,孵化率96%,共获得鳅苗约340万尾。试验技术简述如下。

1.亲鳅的强化培育 8月中旬从成鳅池拉网起捕,挑选体长12厘米以上、体形端正、体质健壮、体色鲜亮、无病无伤、性腺发育较好(腹部白色且无斑点)的个体作亲鳅,而产过的雌鳅腹鳍上方身体两侧有直径为2～3毫米的凹陷白斑,不可用。共计挑选出亲鳅25.3千克,放入水泥亲鳅池进行强化培育。亲鳅池面积为10平方米,水深50厘米,微流水,放养量0.85千克/平方米,池内栽植约占水面积1/4的水浮莲。每天投喂2次,上午投喂水蚤、鱼粉等动物性饲料,下午投喂自制配合饲料,总投喂量占鳅体重的7%左右。每2天在投饵前抽吸池中粪便残饵1次。连续培育25天左右,绝大部分亲鳅的性腺发育程度达到了催产要求。

2. 亲鳅的挑选　要求雌鳅腹部丰满圆润,富有弹性,生殖孔呈圆形、外翻、粉红色;从背部向下看,可见腹部两侧明显膨大凸出,呈白色并且无斑点。要求雄鳅腹部柔软,生殖孔狭长凹陷,呈粉红色,有的能挤出乳白色精液。共计挑选出亲鳅22.1千克,其中雌鳅19.3千克,雄鳅2.83千克,雌、雄比6.8∶1。

3. 人工催产　催产药物用绒毛膜促性腺激素(HCG),一次性背部肌肉注射,雌鳅剂量为15～20国际单位/克,雄鳅减半。注射时间20～22时,雌雄分开,以防自然交配影响人工授精,注射后将亲鳅放入水族箱内,并放入少量水浮莲,将水温控制在25～27℃。温度达不到要求时用加热棒加温。效应期在8～12小时,当轻轻挤压雌鳅腹部有卵子流出时即可进行人工授精。杀雄鳅取精巢后,放在干燥洁净的培育皿内,在低温下(4℃)避光充分剪碎,用冷藏的Hank's液(或0.75% NaCl溶液)稀释备用。将卵挤于干燥洁净的玻璃缸或面盆等容器内,迅速浇注精液,用羽毛轻轻搅拌,使精卵充分混合受精,静置15秒后撒在盆内浸在水里的鱼巢上(鳅卵为半黏性卵,较易脱落),把少量未黏附的卵子收集起来,然后单独放入孵化桶内进行孵化。

4. 孵化　将黏附有受精卵的鱼巢置于温室水泥池和孵化环道内进行微流水孵化,水深30厘米,孵化用水为增氧、曝过气的地下水,水温27℃左右,pH 7.0。孵化池内每天进行2～4次换水,换水量可根据卵的密度和水质情况作适当调整。水温在25℃左右，32小时即可出苗。待鳅苗全部孵出后，取出鱼巢，约过2天，鳅苗已能平游，此时即可投喂开口饵料。

5. 人工繁殖试验结果

(1)繁殖结果：经过1个月的强化培育，90%以上的亲鳅发育良好，有86%的雌鳅产卵，受精率83%，孵化率96%，共获得鳅苗约340万尾。秋季，泥鳅的性腺成熟系数与五六月份并无差别，由于亲鳅性腺发育良好，催产效应期为8～12小时(与上半年五六月份相同)。在试验中发现，如果亲鳅发育较差或催产水温在24℃以下，效应期达20小时以上，且卵子受精率明显偏低。

(2)使用微流水的结果：同以往相比，注射催产素的亲鳅，采用微流水刺激能促进排卵，效应时间相应缩短，催产率提高了10%左右；采用微流水孵化，操作方便，水质也能保持良好。如果进行流水孵化，水流太大，会影响胚胎发育并冲伤鳅苗，影响成活率。

(3)孵化环道的使用结果：初孵鳅苗有贴在池壁上的习性，孵化环道单位水体的水-固界面面积大，增大了鳅苗的活动空间，相对提高了单位水体的存苗容量。

6. 经验总结　为了保证提供大批优质鳅苗，亲鳅的强化培育十分重要。

采用人工授精方法，所用雄鳅量少，减少了亲本用量，所得鳅苗的雌性率也高达85%左右，由于雌鳅的生长速度比雄鳅快1倍以上，可达到增产目的。在注射催产药物后，雌雄亲鳅应严格分开，以防止自然产卵。由于人工授精所需雌雄比例较大，用排过精的雄鳅的精巢进行人工授精，总受精率明显降低。

秋季繁殖的鳅苗，经过1年时间的饲养可长成商品鳅，养殖周期缩短了近半年，能加速资金周转，提高经济效益。进行秋季繁殖还能充分利用闲置的孵化设备、苗种池和人力资源。

(六)日本

1982 年《淡水渔业译丛》报道日本进行人工授精繁殖泥鳅。其方法如下：采捕天然水域体长 7～15 厘米的雌鳅，选择腹部膨大松软、生殖孔红肿的作采卵亲鳅。采用鲫鱼、青蛙脑下垂体催产。所用脑垂体是预先将新鲜垂体在丙酮中浸泡数次脱水，再放在丙酮液中长久保存。注射前用研钵将垂体研碎，加林格氏液后制成乳剂。每尾泥鳅注射 2 个新鲜脑垂体或市场出售的 100 单元粉末将脑垂体制成的 0.1～0.2 毫升注射液。一般是研碎的 2 个脑垂体(0.5 克)加 1.5 毫升林格氏液制成乳剂，每尾泥鳅注射 0.2 毫升。采用腹腔注射。水温 25℃，经 10～20 小时，即可发情采卵。剖开雄鳅的腹部取出精巢，放在林格氏液中剪成 2～3 片，挤出精液。人工采卵时，一边轻挤压雌鳅腹部使之排卵，一边用玻璃吸管从切碎的精巢中吸取精液，滴在卵上，再让卵黏着在事先准备好的浮在水面的鱼巢上。滋贺水产试验场采用 1 尾雌鳅与 2 尾雄泥鳅配组，放入设置稻草帘鱼巢的池塘中，第二天产卵。水温 25℃左右，40 小时左右孵出鳅苗，孵化率可达 75％～80％。

第四讲　泥鳅的苗种培育

泥鳅苗刚孵出时全长约 3.5 毫米，吻端具黏着器。此时泥鳅苗都粘在鱼巢或其他物体上。孵出后 8 小时左右，苗长约 4 毫米，口裂出现，口角有 1 对芽基；鳃丝露出在鳃盖外，形成外鳃；胸鳍逐渐扩大，全身出现稀疏的黑色素。这时泥鳅苗由刚孵出时呈透明的“逗点”状到体色逐渐变黑了。孵出后 33 小时，苗长 4.5 毫米，口下颌已能活动，口角出现 2 对须；卵黄囊缩小；外鳃继续伸长；胸鳍能来回煽动，体表黑色素增加。孵出约 60 小时，苗长 5.5 毫米，已能作简单的游动；具须 3 对；鳃盖扩大，已延伸到胸鳍基部，但鳃丝仍有外露部分；鳔已出现；卵黄囊接近消失；鳅苗已开口摄食轮虫等食物，所以孵出约 3 天便要开始喂食，如若不喂，第五天便开始出现死亡，10 天全部死亡。孵出 84 小时，苗长 7 毫米左右；外鳃已缩入鳃盖内；鳔已渐圆；具须 4 对；卵黄囊全部消失；肠管内可见食物团充积；鳅苗能自由游动。孵出后 12 天，苗长 11 毫米；鳃已发育完整；具 5 对须；鳔成圆形；胸鳍缩小，尾鳍条增多，背鳍条和臀鳍条均已发生。孵出后 21 天，苗长达到 15 毫米以上，形态已与成泥鳅相仿。这时候的泥鳅苗的呼吸功能由鳃呼吸逐渐转化为兼营肠呼吸。也就是说，这时的肠除了消失吸收功能之外，还具有肠呼吸功能，此时不能投喂太饱，以免影响肠呼吸功能。通过孵出后的前期培育（约 21 天）泥鳅苗形态已长成与成体相似，呼吸功能也逐渐健全了。这时便转入泥鳅夏花培育阶段。从 1.5 厘米的泥鳅苗培育长成 3 厘米的夏花称夏花培育阶段。

在水质良好、饵料充足、饲养精细的条件下，经 1 个多月培育一般都能长成 3 厘米体长的夏花鳅种。这时泥鳅已具有钻泥习性，适应环境的能力也大大加强，便可转入成鳅饲养阶段。

3 厘米体长的夏花鳅种虽已初步长成，但各种生理功能尚未完全成熟，这时进行长途运输或直接进行成鳅养殖，成活率尚不能保证。但原池中密度已过高，个体差异也比较大，应将鳅种进行筛选分养。再经约 1 个月饲养长成 5 厘米以上鳅种后再进行长途运输和移入成鳅池养殖，这一生产过程称为鳅种培育阶段。一般当年鳅苗能培育成体长 6 厘米左右，体重 1～3 克的大规格鳅种。

5 厘米以上鳅种经 1 年养殖，便可养成每尾重 10 克以上的商品泥鳅。

一、泥鳅苗的前期培育

孵化后约 3 天，卵黄囊全部消失，口器形成，肌节增多，尾鳍鳍条出现，胸鳍显著扩大，鳔也出现，这时泥鳅苗开始从侧游变为短距离平游；肠管内充满食物，开始主动摄食，这阶段应人工投喂。一般可投喂煮熟的蛋黄及鱼粉等。方法是将蛋煮熟，取出蛋黄，装在 120 目筛绢袋中在盆水中捏洗出蛋黄悬浊汁，然后泼洒投喂。这时如鳅苗在孵化缸内，水流应减缓。投喂量为每 10 万尾苗第一天喂 1 个蛋黄，第二天 1.5 个，第三天 2 个，分上、下午两次投喂。若是鱼粉，则每 10 万尾每天喂 10 克。没有鱼粉的可用鱼晒干后磨成粉也可以。连喂 2～3 天后，待苗体颜色由黑色转变成淡黄色时，便可以出缸下池进行夏花培育。

二、泥鳅夏花培育

(一)培育条件的准备

采用专用泥鳅苗培育池最好，但采用稻田或池塘里开挖的鱼沟、鱼溜或鱼凼也是适宜的。一般在放苗前 10～15 天清整除野消毒，然后注水 20 厘米，施适量有机肥培养饵料生物，待清整药物药性消失、水色变绿变浓后即可放苗。

1. 专用培育池的建造　专用培育池面积不宜过大，应选在水源方便的泥鳅养殖基地附近。最好用水泥池，每只池 50 平方米左右，池壁高 70 厘米左右，光滑不漏水。由于鳅苗的活动能力较差，也较易捕捞，因此，水泥专用池培育不需设专门防逃设施和集鱼坑；但如是土池，池底和池壁要夯实，进、出水口应有拦网设施。

如是新建水泥池，不可直接使用，必须先经脱碱洗净后方可使用。脱碱的方法有以下几种。

(1)醋酸法：用醋酸洗刷水泥池表面，然后注满水浸池数日。

(2)过磷酸钙法：每立方米池水中溶入过磷酸钙肥料 1 千克，浸池 1～2 天。

(3)酸性磷酸钠法：每立方米水中溶入酸性磷酸钠 20 克，泡池 2 天。

(4)稻草、麦秸浸泡法：水泥池加满水后放一层稻草或麦秸浸泡 1 个月左右。

采用上述方法之一脱碱之后，再用水洗净方能放苗。为放心起见，可用 pH 试纸测试碱性，或放几尾小鱼试水，1 天后无不良反应，再放养泥鳅苗。

也可利用孵化池、孵化槽、产卵池及家鱼苗种池作为泥鳅苗培育池。水泥池的底部要铺一层 10～30 厘米的腐殖土，以利于浮游生物的生长。其制法可用等量猪粪和淤泥拌匀后堆放发酵而成松软的腐殖土。

2. 清塘消毒　每 100 平方米用生石灰 9～10 千克进行清塘消毒。方法是在池中挖几个浅坑，将生石灰倒入开水化开，趁热全池泼洒。第二天用耙将塘泥与石灰耙匀后放入水深 20 厘米左右。适量施入有机肥料用以培育水质，产生活饵料。经 7～10 天后待生石灰药力消失，放几尾试水鱼，1 天后无异常，即可放苗。

(二)泥鳅苗放养

1.鳅苗优劣的判别　在泥鳅苗装运、长途运输之前应挑选体质好的鳅苗,方能保证运输及饲养中的成活率。鳅苗优劣可参考以下几方面来判别。

(1)了解该批苗繁殖中的受精率、孵化率。一般受精率、孵化率高的批次,鳅苗体质较好。

(2)好的鳅苗体色鲜嫩,体形匀称、肥满,大小一致,游动活泼精神。

(3)装盛少量鳅苗在白瓷盆中,用口适度吹动水面,其中顶风、逆水游动者强,随水波被吹至盆边者弱。如强的为多数则优。

(4)盛苗在白瓷盆,沥去水后在盆底剧烈挣扎,头尾弯曲厉害的强;鳅体粘贴盆边盆底、挣扎力度弱或仅以头、尾略扭动者弱。

(5)在鱼篓中的鳅苗,略搅水成漩涡,其中能在边缘溯水游动者为强;被卷入漩涡中央部位,随波逐流者弱。

(6)在网箱中暂养时间太久的便会消瘦、体质下降,不宜作长途转运。

2.鳅苗运输　泥鳅苗长途转运时必须用鳅苗袋并充氧,否则极易死亡。在密封式充氧运输中,水中溶氧充足,一般掌握适当密度不会缺氧。但为降低运输成本,又要达到一定的密度。鳅苗在运输中,不断向水中排出二氧化碳、氨等代谢产物。在密封运输中,由于二氧化碳不能向外散发,时间一长,往往积累较高浓度,甚至引起鳅苗麻痹死亡。据测试,当鳅苗发生死亡时,塑料充氧袋水中溶氧仍较高,最低也含2毫克/升,而二氧化碳升至150毫克/升,所以塑料袋中鳅苗死亡有时不是因为缺氧,而是高浓度二氧化碳和氨等的协同作用引起的,这时应替换新水方能预防。充氧袋中用水不宜用池塘肥水,应选择大水面清新水体,如河、湖泊、水库水。水中有机物、浮游生物量要少,以减少耗氧和二氧化碳积聚。水质应为中性或微碱性。如用自来水则应预先在大容器中贮存

2～3 天，逸出余氯，或向自来水中充气 24 小时后再用。装运前 1 天装在网箱中，停止喂食，网箱放置清洁大水面中，让鳅苗排除污物，以减少途中水质污染。袋中空气要排尽后再充氧。如是空运不宜将氧气充得太足，以免飞机升空因气压变化而胀破塑料袋。天气太热时可在苗箱和塑料充氧袋之间加冰块。具体做法是：预先制冰，将冰装入小塑料袋并扎紧袋口，均匀放在苗箱中间，苗箱用胶带封口后立即发运。如果路程长，运输时间久，转运途中需开袋重新充氧，如水质污染严重，应重新换新水。

3. 泥鳅苗放养

(1)放养密度：放养孵出 2～4 天的水花鳅苗，每平方米可放 800～2 000 尾，静水池宜偏稀，具半流水的池可偏密；放养 1 厘米左右的小苗(10 日龄)，每平方米放 500～1 000 尾。

(2)饱苗放养：先将鳅苗暂养网箱半天，并喂给蛋黄，按每 10 万尾投喂鸭蛋黄 1 个。具体做法参照前述关于鳅苗前期培育中的操作方法。然后再进行放养。

(3)“缓苗”处理：如用塑料充氧袋装运而来的苗，放养时注意袋内袋外温差不可大于 3℃，否则会因温度剧变而死亡。可先按次序将装苗袋漂浮于放苗的水体，回过头来再开第一个袋，使袋内外水体温度接近后(约漂 20 分钟)，并向袋内灌池水，让苗自己从袋中游出。

(4)“肥水”下塘：为使鳅苗下塘后能立即吃到适口饵料，预先应培育好水质。如池中大型浮游生物较多，由于泥鳅苗小而吃不进，不仅不能作为鳅苗的活饵料，还会消耗水体中大量的较小型饵料及氧气。遇有这种情况可以在鳅苗下池前先放“食水鱼”，以控制水中大型浮游生物量，同时用以测定池水肥瘦。如发现“食水鱼”在太阳出来后仍然浮头，说明池水过肥，应减少施肥量；如果“食水鱼”全天不浮头或很少浮头，说明水质偏瘦，可适当施肥；如果“食水鱼”每天清晨浮头，太阳出来后即下沉，说明水体肥瘦适中,可放鳅苗。用“食水鱼”也可测定清塘消毒剂药力是否消失。如果“食水鱼”活动正常,表示药力消失,可以放苗。但在鳅苗放养前应将“食水鱼”全部捕起,以免影响鳅苗后期生长。

(5)相同规格计数下塘:同一池内应放养同一批次、相同规格的鳅苗,以免饲养中个体差异过大,影响成活率和小规格苗的生长。放养时应经过计数下池。计数一般采用小量具打样法,即先将泥鳅苗移入网箱中,然后将网箱中端稍稍提出水面,使苗集中在网箱一端,用小绢网勺舀起装满一量具,然后倒入盛水盆中,再用匙勺舀苗逐一计数,得出每一量具中苗的实数。放养时仍用此具舀苗计数放入池内,按量取的杯数来算出放苗数。量具也可采用不锈钢丝网特制的可沥除水的专用量杯,但制作时注意整个杯身内外必须光滑无刺,以免伤苗。

(三)饲养管理

1. 泥鳅苗期发育特点　泥鳅生长发育有其本身的特点。在孵出之后的半个月内尚不能进行肠呼吸,该阶段如同家鱼发塘期间,必须保证池塘水中有充足的溶氧,否则极有可能在一夜之间因泛池而死光。半个月之后,鳅苗的肠呼吸功能逐渐增强,一般生长发育至 1.5～2 厘米体长时,才逐步转为兼营肠呼吸,但肠呼吸功能还未达到生理健全程度,所以这时投饵仍不能太足,蛋白质含量不宜太高,否则消化不全会产生有害气体,妨碍肠呼吸。

2. 饲喂　泥鳅水花入池时的首要工作是培肥水质,同时又要加喂适口饵料。在实际生产中通常采用施肥和投饵相结合的方法。

(1)施肥培育法:根据泥鳅喜肥水的特点,鳅苗在天然环境中最好的开口饵料是小型浮游动物,如轮虫、小型枝角类等。采用施肥法,施用经发酵腐熟的人畜粪、堆肥、绿肥等有机肥和无机肥培育水质,以繁育鳅苗喜食的饵料生物。一般在水温 25℃时施入有机肥后 7～8 天轮虫生长达到高峰。轮虫繁殖高峰期往往能维持 3～5 天，之后因水中食物减少，枝角类等侵袭及泥鳅苗摄食，其数量会迅速降低，这时要适当追施肥料。轮虫数量可用肉眼进行粗略估计，方法是用一般玻璃杯或烧杯，取水对阳光观察，如估计每毫升水中有 10 个小白点，轮虫为白色小点状，表明该水体每升含轮虫 10 000 个。

水质清瘦可施化肥快速肥水。在水温较低时，每 100 立方米水体每次施速效硝酸铵 200～250 克，而在水温较高时则改为施尿素 250～300 克。一般隔天施 1 次，连施 2～3 次。以后根据水质情况进行追肥。在施化肥的同时，结合追施鸡粪等有机肥料，效果会更好。水色调控以黄绿色为宜。水色过浓则应及时加注新水。除施肥之外，尚应投喂麦麸、豆饼粉、蚕蛹粉、鱼粉等。投喂量占在池鳅苗总体重的 5%～10%。每天上、下午各投喂 1 次，并根据水质、气温、天气、摄食及生长发育情况适不增减。

(2)豆浆培育法:豆浆不仅能培育水体中的浮游动物，而且可直接为鳅苗摄食。鳅苗下池后每天泼洒 2 次。用量为每 10 万尾鳅苗每天用 0.75 千克黄豆的豆浆。泼浆是一项细致的技术工作，应尽量做到均匀。如在豆浆中适量增补熟蛋黄、鳗料粉、脱脂奶粉等，对鳅苗的快速生长有促进作用。为提高出浆量，黄豆应在 24～30℃的温水中泡 6～7 小时，以两豆瓣中间微凹为度。磨浆时水与豆要一起加，一次成浆。不要磨成浓浆后再对水，这样容易发生沉淀。一般每千克黄豆磨成 20 升左右的浆。每千克豆饼则磨 10 升左右浆。豆饼要先粉碎，浸泡到发黏时再磨浆。磨成浆后要及时投喂。每培育 1 万尾鳅种约需黄豆 1 千克或豆饼 2 千克。

以上两种方法饲喂 2 周之后，就要改为以投饵为主。开始可撒喂粉末状配合饲料，几天后将粉末料调成糊状定点投喂。随泥鳅长大，再喂煮熟的米糠、麦麸、菜叶等饲料。拌和一些绞碎的动物内脏则会使鳅苗长势更好。这时投喂量也由开始占体重的2%～3%逐渐增加到5%左右，最多不能超过10%。每天上、下午各投喂1次。通常凭经验以泥鳅在2小时内能基本吃完为度。

3. 水质及日常管理

(1)巡塘：鳅苗培育期间，坚持每天巡塘3次。泥鳅在孵化后半个月才开始用肠呼吸，在此之前鳅苗(稚鳅期)对低氧环境还不能适应，往往在凌晨因缺氧而大批死亡。因此，每天第1次巡塘应在凌晨。水中溶氧充足时，鳅苗散布在池底。如发现鳅苗群集在水池侧壁的下部，并滑倒壁游到中上层，却很少游到水面，仅在水面形成细小波纹。这是池中缺氧的信号，应立即停止施肥、喂食，并冲新水以改善水质增加溶氧。午后的巡塘工作主要是查看鳅苗活动的情况，如水质较肥，天气闷热无风时应注意鳅苗有无浮头现象。鳅苗浮头和家鱼不同，必须仔细观察才能发现。在饵料不足时，鳅苗也会离开水底，行动活泼，但不会全体行动，和浮头是容易区分的。如果发现鳅苗离群，体色转黑，在池边缓慢游动，说明身体有病，须检查诊治。如发现鳅苗肚子膨胀或在水面仰游不下沉，说明进食过量，应停止投饲或减量。勤除池埂杂草；傍晚查育苗池水质，并做记录，安排第二天投饵、施肥、加水等工作。

(2)注意水质管理：鳅苗初下塘时，因鳅体较小，池水不需太深，一般30厘米左右即可。鳅苗经若干天饲养后，应根据其生长和水质情况，适当加注新水，提高池塘水位，以增加水中含氧量，改善水质，促进鳅苗生长。注水的多少和次数应根据具体情况灵活掌握，一般每隔1周注水1次，每次注水15厘米左右。既要保持水色黄绿，有充足的活饵料，又不能使水质过肥缺氧。通过控制施肥投饵保持水色，不能过量投喂。随着鳅苗生长到后期，逐步加深水位达50厘米。

(3)注意调节水温：由于水位不深，在盛夏季节应控制水温在

30℃以内。可采用搭建阴蓬、遮阳网、加注温度较低的水来加以调节。

(4)清除敌害:鳅苗培育时期天敌很多,如野杂鱼、蜻蜓幼虫、水蜈蚣、水蛇、水老鼠等,特别是蜻蜓幼虫为害最大。由于泥鳅繁殖季节与蜻蜓相同,在鳅苗池内不时可见到蜻蜓飞来点水(产卵),其孵出幼虫后即大量取食鳅苗。防治方法主要依靠人工驱赶,捕捉。有条件的可在水面搭网,既可达到阻隔蜻蜓在水面产卵,又起遮阳降温作用。同时在注水时应采用密网过滤,防止敌害进入池中。发现蛙卵要及时捞除。

通过以上培育措施,一般 30 天左右鳅苗都能长成 3 厘米左右鳅种。

(5)分养:当泥鳅苗大部分长成了 3～4 厘米的夏花鳅种后,要及时进行分养,以避免密度过大和生长差异扩大,影响生长。分塘起捕时发觉鳅苗体质较差时,应立即放回强化饲养 2～3 天后再起捕。分养操作具体做法是,先用夏花鱼网将泥鳅捕起集中到网箱中,再用泥鳅筛子进行筛选。泥鳅筛长和宽均为 40 厘米,高 15 厘米,底部用硬木做栅条,四周以杉木板围成(图 9)。栅条长 40 厘米,宽 1 厘米,厚 2.5 厘米,栅条间距 0.8 厘米。在分塘操作时手脚要轻巧,避免伤苗。

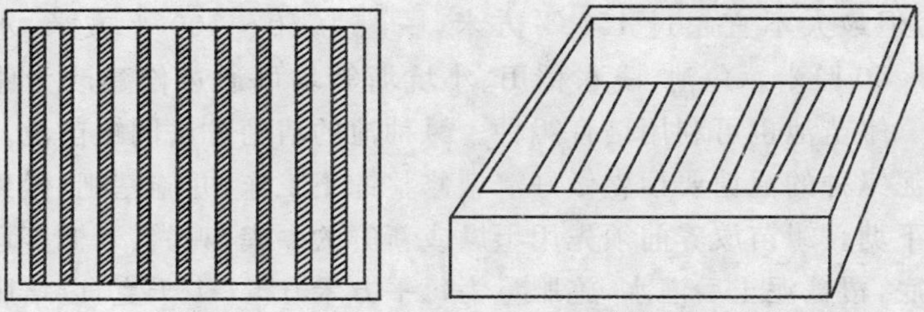

图 9　泥鳅筛子

三、泥鳅种的培育

孵出的泥鳅苗经1个多月的培育，长成夏花已开始有钻泥习性，这时可在成鳅池中饲养。但为了提高成活率，加快生长速度，也可以再饲养4～5个月，长成体长达6厘米、体重2克以上的大规格泥鳅种时，再转入成鳅池养殖，这个阶段就是鳅种培育阶段。如果泥鳅卵5月上、中旬孵化，到6月中、下旬便可以开始培育鳅种。7～9月份则是养殖鳅种的黄金时期。也可以用夏花泥鳅分养后经1个月左右培育成5厘米的鳅种，然后就转入成鳅养殖池养殖商品鳅。

（一）泥鳅苗种阶段食性特点

泥鳅在幼苗阶段（5厘米以内），主要摄食浮游动物如轮虫、原生动物、枝角类和桡足类。当体长5～8厘米时，逐渐转向杂食性，主要摄食甲壳类、摇蚊幼虫、丝蚯蚓、水生昆虫和陆生昆虫及其幼虫、蚬、幼螺、蚯蚓等，同时还摄食丝状藻、硅藻、植物碎片及种子。人工养殖中摄食粉状饲料和农副产品及畜禽产品下脚料和各种配合饲料等，还可摄食各种微生物、植物嫩芽等。

（二）池塘准备及放养

1. 池塘准备　鳅种池的面积大小可双倍于培育夏花阶段的面积，但最大不宜超过150平方米，一般为50～100平方米，水深40～50厘米。鱼池、浅水稻田、小坑塘等均可通过修建改为鳅种池。鳅苗池也可利用培育鳅种。鳅种池的清塘方法同鳅苗池。培育泥鳅种的池塘要预先做好清塘修整铺土工作，并施基肥，做到肥水下塘。鳅苗放养前须先用干燥或新鲜的牛粪、鸡粪、米糠等埋于池底，覆盖泥土后灌水，施肥量为每平方米0.5～1千克，以培肥水质，增加水生生物，为泥鳅夏花下塘准备充足的天然饵料。

2. 放养　基肥施后7天即可放养。一般每平方米放养3厘米夏花 500～800 尾。有流水条件的，放养密度可加倍。放养的夏花要求规格整齐，常用泥鳅筛子进行筛选。泥鳅筛子是用木板及硬木条制成(图 9)。其大小可根据实用情况灵活控制，一般筛选泥鳅夏花的筛子，其硬木条间距为 0.8 厘米左右。

(三)饲养管理

在放养后的 10～15 天内开始撒喂粉状配合饲料，几天之后将粉状配合饲料调成糊状定点投喂。随着鳅体长大再喂煮熟的米糠、麦麸、菜叶等饲料，如拌和一些绞碎的动物内脏则长势更好。如是规模较大种苗也可以自制或购买商品配合饲料投喂。喂食时将饲料拌和成软块状，投放在食台中，把食台沉到水底。

随着仔鳅的生长，也可在饵料中逐步增加配合饵料的比重，使之完全过渡到适应人工配合饵料。人工配合饵料中动物性和植物性饵料的比例为 3∶2，用豆饼、菜籽饼、鱼粉(或蚕蛹粉)和血粉配成。水温升高到 25℃以上时，饵料中动物性饵料比例可提高到 80%。日投饵量随水温高低而有变化。通常为在池泥鳅总体重的 3%～5%，最多不超过 10%。水温 25℃以下时，饵料的日投量为鱼体重的 2%～5%；25℃以上时为 5%～10%；30℃以上时则不喂或少喂。每天上、下午各 1 次，上午喂 30%，下午喂 70%。要经常观察仔鳅吃食情况，以 1～2 小时内吃完为好，多则减，少则添。还要根据天气变化情况、水质条件酌情投喂。喂食时可将饵料搅拌成软块状，投放在食台附近，沉到离池底 3～5 厘米处。切忌散投，否则秋季难以集中起捕。这样养到 11 月底，一般个体可长成 10 厘米左右。

仔鳅经过近 2 个月的培育，泥鳅食性已有了明显变化，除吃浮游动物外，开始吃少量浮游植物及杂草的嫩芽等植物性饵料，尤其喜食微生物如细菌凝絮物(即水生细菌凝絮在一起)。吃微生物，可以在一个较短的时期内，使泥鳅出现一个快速生长阶段。因此，鳅种培育期间要根据水色适当追肥，有机肥用量为每平方米

0.5千克左右。可采用腐熟有机肥水泼浇。可将有机肥在塘角沤制，使肥汁渗入水中。或用麻袋或饵料袋装上有机肥，浸于池水中作为追肥。也可用尿素追施，方法是少量多次，以保持水色黄绿适当肥度。

日常管理要经常清除池边杂草，检查防逃设施有无损坏，发现漏洞及时抢修。每日观察泥鳅吃食情况及活动情况，发现鱼病及时治疗。定期测量池水透明度，如透明度小于15厘米或大于30厘米，则说明地水太肥或太瘦，应加注新水或追肥，加以调节。其他有关日常管理可依照夏花培育中的日常管理进行。

(四)泥鳅苗种的稻田培育

1.稻田培育泥鳅夏花　稻田培育泥鳅夏花之前必须先经过清整消毒。每100平方米的稻田可放养孵化后15天的泥鳅苗2.5万～3万尾。通常可采取两种放养方式。

一是先用网箱暂养，当泥鳅苗长成2～3厘米后再放入稻田饲养。由于初期阶段泥鳅苗尚无活动能力，鳞片尚未长出，没有抵御敌害和细菌的能力，而通过网箱培育便可大大提高其成活率。

二是把鳅苗直接放入鱼凼中培育，凼底衬垫塑料薄膜。饲养方法与孵化池培育相同。

稻田培育夏花的时间根据各地气候情况灵活掌握，气候较温暖的地方在插秧前放养，在较寒冷地方可在插秧后放养。

鳅苗放养前期可投喂煮熟的蛋黄、小型水蚤和粉末状配合饲料。可将鲤鱼配合颗粒料以每万尾5粒的量碾成粉末状，每天投喂2～3次。为观察摄食情况，初期可将粒状饲料放在白瓷盘中沉在水底，2小时后取出观察，如有残饵，说明投量过多需减量；反之则需加量。开始必须驯饵，直至习惯摄食为止。10天后检查苗情，如头较大，说明饵料质或量不够。水温25～28℃时，鳅苗食欲旺盛，应增加投喂量和投喂次数。每日可增加到4～5次，投饲量为鳅苗总体重的2%。

饲养1个月之后，鳅苗达到每克10～20尾时，可投喂小型水蚤、摇蚊幼虫、水蚯蚓及配合饲料。投配合饲料时，以每万尾15～20粒鲤鱼颗粒料碾成的粉状料，每天投喂2～3次，并逐渐驯食天然饵料。

在培育中要定期注水增氧。投喂水蚤时，如水蚤聚集一处，水面出现粉红色时，说明水蚤繁殖过量，应立即注入新水。如发现鳅苗体瘦时，应适当补充饵料，如麦麸、米糠、鱼类加工下脚料等。同时每隔4～5天，在饵料培育池中增施鸡粪、牛粪和猪粪等粪肥，以繁殖天然饵料。

2. 稻田培育泥鳅鱼种　在稻田中可放养泥鳅夏花进行鳅种培育。培育鳅种的稻田不宜太大，须设沟凼设施。放养的夏花要经泥鳅筛过筛，达到同块稻田规格一致。放养前应先经消整消毒。放养量为每100平方米5 000尾。

为了在较短时间内使泥鳅产生一个快速生长阶段，鳅种应采取肥水培育法。具体做法是在放养前每100平方米先施基肥50千克。饲养期间，用麻袋装有机肥，浸在鱼凼中作追肥，追肥量为每100平方米50千克。除施肥外，同时投喂人工饲料，如鱼粉、鱼浆、动物内脏、蚕蛹、猪血粉等动物性饲料，以及谷物、米糠、大豆粉、麦麸、蔬菜、豆粕、酱粕等植物性饲料。随泥鳅生长，在饵料中逐步增加配合饲料的比重。人工配合饵料可用豆饼、菜籽饼、鱼粉或蚕蛹粉和血粉配制成。动植物性成分比例、日投量等可参看鳅种培育中有关部分。

投饵应投在食台，切忌散投，否则到秋季难以集中捕捞。方法是将配合饵料搅拌成软块状，投放在离凼底3～5厘米的食台上，使泥鳅习惯集中摄食。平时注意清除杂草，调节水质，日常管理与前述相同。当鳅苗长成全长6厘米以上、体重5～6克时，即成为鳅种，可转为成鳅饲养。

四、泥鳅苗种培育实例

(一)福建莆田

福建省莆田市城厢区水产技术推广站郑国洪等2003—2005年在莆田市城厢区泗华村养殖场进行泥鳅人工繁殖育苗试验。2003年育苗20万尾,2004年育苗50万尾,2005年育苗量达102万尾。现将苗种培育试验简述如下。

幼鳅孵出后,经44小时,体长3.8～4.1毫米,孵黄囊基本消失,开始摄食,这时即可投饵培养鳅苗,天然饵料为轮虫、枝角类、桡足幼体等,人工饲料有蛋黄、豆浆等。随着鳅体长大,达1厘米以上,即投喂鳗鱼白仔粉,每天投喂2次,上、下午各1次,每次投喂以1小时内吃光为准,并适时更换池水,换水量为池水的1/2以上,夏季水温超过31℃时每天换水2次,并捞取水葫芦等水生植物为其遮阴降温。

在培育过程中,2004年鳅苗平均日增长为0.045厘米/尾,2005年日增长为0.067厘米/尾,可以看出2005年鳅苗生长优于2004年,由于2004年遇到初夏高温,鳅苗生长受到抑制,而2005年水温适宜,在22～28℃。另外,鳅苗在网箱内由于密度高生长较慢,移入池塘后,经一段时间的恢复和适应,增长速度明显加快。

2004年人工繁殖的泥鳅幼苗,分8个网箱和2口鳗鱼池塘精心培育和管理,种苗长势良好。2004年7月12日现场验收的结果为:总鳅苗量约50万尾,培苗成活率为43.7%。鳅苗的生物学指标测定结果为:鳅苗体长范围1.7～2.6厘米,平均体长约为2.08厘米。2005年人工繁殖的泥鳅苗,分18个网箱和3口池塘精心培育和管理,由于2005年多雨低温,苗种成活率较高,长势优于往年,2005年7月21日的现场验收结果为:总苗量约为102万尾,培育成活率约为70%,鳅苗体长范围2.2～8.8厘米,平均体长约为 5.98 厘米。

泥鳅苗种培育中的几点经验：

(1)苗种培育期间正是鱼病流行季节，自然水体中很可能含有致病菌，所以在孵化和培育期间要长期用药物进行水体消毒，每隔5～7天用福尔马林30毫克/升全池泼洒，发现有鱼病发生还要用抗生素拌饵料投喂。

(2)当水温在22～28℃时，鳅苗在箱内活动正常，摄食旺盛。当达到32℃，大部分鳅苗静伏箱底或荫蔽处，当水温在33℃以上时，就陆续出现死苗现象，所以当水温达32℃以上时，应换入水温较低的新水或用水生植物遮阴。试验表明：用水葫芦遮阴的池塘比没有遮阴的水温会降低1～3℃。

(3)培育鳅苗过程中，鳅苗的放养密度、养殖空间的大小与其生长速度关系很大，我们发现放在网箱内的同批鳅苗，由于网箱部分网目不规则，有的地方网目过大，有些鳅苗逃到网箱外的池塘中，在同样的水质条件下，池塘中的鳅苗由于密度小，活动空间大，体长达到2～6厘米，而网箱中的同批鳅苗最大只有1.7厘米。后来，我们就把培育到1.4厘米以上的部分鳅苗移入池塘中培育，经过一段时间的适应，增长速度明显加快。所以我们认为，鳅苗在网箱里培育半个月左右，当体长达到1.4厘米时，应移入池塘中培育，以加快其生长，达到预期规格。

(二)辽宁盘锦

据辽宁盘锦向冰等(2008)研究报道，刚孵出的泥鳅苗体长2.5～3.6毫米，身体透明，不能自由活动，只能用头部的吸附器附在其他物体上，以腹部的卵黄为营养。经过3天左右，卵黄被吸收完，鳅苗才能游动并开始摄食。开食后的泥鳅苗，转入育苗池(土池)中培育。培育泥鳅苗土池比水泥池更好，因为土池能更好地培育浮游生物，可为泥鳅苗种提供更适口的开口饵料，水质也更加稳定。现将苗种培育主要过程简述如下。

1.清塘放苗　鳅苗培育池面积20～50平方米，水深30～40厘米。鳅苗下塘前15天左右，排干池水，暴晒4～5天，再用生石灰消毒(50～75克/立方米)，然后注入20～30厘米深的新水。在施生石灰后约7天药性消失，放入牛粪、猪粪等畜粪肥2千克/平方米左右。过3～5天，即可放鳅苗入池。静水池每平方米1 000尾左右，微流水或网箱饲养每平方米2 000尾左右，放养规格要整齐。

2.投饵施肥　育苗前期应以肥水与投喂相结合，鳅苗投喂煮熟研碎的蛋黄、鱼粉或豆饼粉糊，一日3～4次。饲养3～5天后改喂水蚤、轮虫等浮游动物。鳅苗入池后要勤施肥，水温低时，每次施速效硝酸铵2克/立方米；水温较高时，施尿素2.5克/立方米。一般隔一天施一次，连续施2～3次，以后则根据水质肥度调节施肥浓度与间隔时间。在施化肥的同时，结合施有机肥，效果更好。经20天左右，鳅苗体长可达1厘米，此时泥鳅可摄食水中昆虫、昆虫幼虫和有机物碎屑等食物，可投喂打碎动物内脏、血粉、鱼粉等动物性饵料及米糠、豆粉、玉米粉、豆饼屑之类的精饵料，每天上、下午各投喂1次。开始日投喂占泥鳅苗体重2%～5%，以后随着泥鳅苗的生长，日投喂量可增加到放养总体重的10%。

3.鳅种培育　鳅苗经过1个月时间的培育，长到3厘米以上时，就要分池进行鳅种饲养。池塘面积20～60平方米，有良好的防逃设施，放养鳅苗前7～8天用生石灰消毒，注水40～50厘米，施发酵粪肥0.2～0.3千克/平方米培育水质。待池中培育出大量浮游生物时，投放泥鳅苗，密度100～150尾/平方米，日投喂量及投喂次数同鳅苗培育后期管理。经3个月饲养可培育出体长8～10厘米，体重5～8克的大规格泥鳅种。

(三)湖北武汉

何杰、郭桐、刘汉勤等(2005)报道，由中国水产科学研究院淡水渔业研究中心、河南省水利厅南湾水校、中国科学院水生生物研究所联合进行的泥鳅秋季人工繁殖及苗种培育试验，于2003年8

月至10月在武汉市康祥科技公司洪北基地进行。

8月中旬挑选体长12厘米以上的泥鳅作为亲本进行秋季人工繁殖，经过25天强化培育，90%以上的亲鳅发育良好，催产雌鳅19.3千克，催产率在86%，受精率83%，孵化率96%，共获得仔鳅约340万尾。以丰年虫无节幼体作为开口饵料，3天后鳅苗平均全长达0.8厘米，成活率高达99%以上；半个月后体长达2厘米左右；到10月中旬，鳅苗平均全长5.0厘米左右，体重达3～4克，成活率为60%，共计获得鳅苗约200多万尾。试验技术简述如下。

1.仔鳅培育　鳅苗开口摄食时体长只有5毫米左右，一开口就贪食，游动迅速，争食激烈。以丰年虫无节幼体作为开口饵料，每天投喂2次，上午(9～10时)、下午(4～6时)各1次，日投喂量为每万尾鳅苗孵6克丰年虫卵，无节幼体孵出后即行投喂，连续投喂3天；以后改投熟的鱼肉糜，用80目筛绢过滤，稀释后均匀泼洒。连续投喂3～4天，以1～2小时内吃完、可看到鳅苗肠管内充满白色食物为准。此时泥鳅体色金黄，体格较强壮，如果密度超过3 000尾/平方米，应分池或加大水流，然后投喂豆浆并添加少量鱼粉，豆浆按每100平方米水面0.75千克干黄豆计，上、下午各1次，连续投喂7天。此时正值9月下旬，平均水温在23℃以上，可收苗计数，转池进行稚鳅培育。

2.稚鳅培育　在室外苗种(土)池内培育，面积300平方米，淤泥厚20厘米。放苗8天前进行消毒，施底肥，注水深40厘米，繁殖浮游生物，以保证小型水蚤数量达到高峰，鳅苗下塘后有充足的适口饵料。稚鳅放养量在1 000尾/平方米左右，2～3天后投喂人工配合饲料，每日3次，日投喂量占鳅体总重的4%，池水透明度保持在15厘米左右。投饵施肥与调节水位相结合，施肥仅施无机速效氮肥(硝酸铵2克/立方米)，经过20多天的饲养，平均水温仍应在18℃以上。随着天气转凉，合理投喂，进行鳅苗越冬的后继管理。

3.苗种培育结果　以丰年虫无节幼体作为开口饵料，鳅苗生长迅速，体格强壮，转色快，3天后平均体长达0.8厘米，比投喂蛋黄长0.2厘米以上，成活率高达99%；半个月后平均体长达2厘米左右；到10月中旬体长达5.0厘米左右，体重3～4克，成活率达60%，共计获得鳅苗200多万尾。

4.试验小结　采用丰年虫无节幼体等优质饵料可加速鳅苗生长，相对延长了生长期，使泥鳅苗种能达到所需的规格，增强了体质，提高了成活率，并有利于越冬。

泥鳅在仔鳅期生命力较弱，这一阶段是决定成活率的关键时期，特别是当水温降低时容易发生水霉病，水霉菌着生于鳅苗外鳃上严重影响生长，并造成鳅苗大批死亡。解决好这一阶段的鱼病问题，可大幅度提高苗种的成活率。

(四)山东泗水

山东泗水孔祥勇等(1999)报道，人工繁殖获得的鳅苗开食后转入育苗池培育。育苗池使用前7～10天，用生石灰消毒，池底铺10～20厘米腐熟粪肥作基肥，注新水20～30厘米，待水变为绿色，透明度为15～30厘米，放入泥鳅苗培育。静水放养密度1 000～1 500尾/平方米。育苗前期以肥水与投饵相结合。泥鳅对开口饵料有较强的选择性，主要采用沿池边投喂用50目标准筛过滤的轮虫、水蚤等浮游动物，同时每周泼洒两次发酵粪肥60～100克/立方米，或泼洒溶化的化肥1～2克/立方米。经20天左右培育，苗体长达1厘米，此时泥鳅可摄食水生昆虫、昆虫幼虫和有机碎屑等。这时改投喂打碎的动物内脏、血粉、鱼粉等动物性饲料以及米糠、豆粉、玉米粉、豆饼屑等精料。每天上、下午各喂1次。初期投喂量按鳅体总重的2%～5%，以后随其生长，日投量增至10%。再经1个多月培育，泥鳅长成体长3～4厘米时入池塘分养。分养前7～8天用生石灰消毒，注水40～50厘米，亩施发酵粪肥 150～200 千克，培育水质，待池中产生大量浮游生物时，放养鳅苗，密度为 100～150 尾/平方米。饲养方法与前述基本上相同，经 3 个月饲养培育出体长 8～10 厘米，体重 5～8 克大规格泥鳅种 28.6 万尾。

在泥鳅苗种培育中体会到：满足泥鳅开口饵料是提高其成活率的关键。刚孵化出来的泥鳅苗在卵黄消失后的两个月内，主要以水中的轮虫和水蚤为食。最好用专池培育轮虫、水蚤等浮游动物进行投喂。粪肥、化肥是饲养泥鳅的良好肥料，要不断向培育池中增施肥料，培育足够的天然生物饵料。泥鳅具有偏食和夜间觅食习性，可经人工驯化改在白天摄食。

第五讲 商品泥鳅养殖

据报道，日本泥鳅的食用规格最小只需5厘米体长，国内一些企业加工香酥泥鳅干的规格为12～16厘米。成品泥鳅养殖，通常是将泥鳅种养成每千克80～100尾，每尾体重10克以上的商品泥鳅，一般养殖期为一年。主要的养殖方式有池塘养殖、专用池养殖、稻田养殖、箱式养殖、庭院式养殖等。

泥鳅个体小，有钻泥本能，善逃跑，既可钻孔逃跑，又能越埂、跳跃、附壁攀越。其生长速度不很快，故泥鳅商品食用规格较小。泥鳅抗病力强，食性杂，适应多种水域单养、混养，特别是在浅水水域中照样摄食生长。泥鳅适于高密度养殖，养殖成本低。泥鳅繁殖力也较强，其本身又是其他一些特种水产动物的优良活饵料。

一、养殖的基本设施

无论进行何种形式养殖，都应具备一些基本设施和前期的准备工作。基本设施以及必要的准备工作包括如下几方面。

（一）泥鳅养殖场地的选择与建设

泥鳅养殖场地的选择和养殖场的建设，直接关系到泥鳅养殖的成败和经济效益的大小。应坚持从实际出发，根据泥鳅的生活习性和对环境条件的要求，严格选择，科学规划。

1. 养殖场地的选择

（1）水源和水质：泥鳅喜欢温度较高的平原水，而不喜欢清澈低温的山溪水。因此，我国大部分平原地区都适宜养鳅。可利用有水源保证的连片稻田，也可利用浅水湖、库、沼泽、滩地等大型水域。小规模养殖可利用低产鱼池、藕塘、育珠塘、小沟渠、低洼地庭院式养殖可利用房前屋后宅基地、废旧坑凼等。在条件较好的地方也可建造一批专用养鳅池。为减少土方量，节约基建投资，可利用低洼地作埂蓄水后便可进行养殖。但是，在有冷泉冒出、旱涝灾害严重及有毒物排出的平原地区，不宜建池。总的来说，应该选择水源充足、水质良好、排水容易、日照良好、温暖通风、交通方便的地方建池。

(2)土质：土质对养鳅的效益影响很大。在黏质土水体中长出的泥鳅，体黄色、脂肪多、骨骼软、味道美；相反，在沙质土水体中生长的泥鳅，体乌黑、脂肪少、肉质差、骨骼硬、味道差。因此，养鳅池的土质以黏土质为好。如果在土质中混加腐殖土，则有利于泥鳅的天然饵料如水蚤、丝蚯蚓等小型水生动物的繁殖，可提供丰富的天然饵料，促进泥鳅生长，提高养殖产量。

2. 鳅池的建设　泥鳅养殖可以在水田、池沼、鳗鱼池等水域中进行。如专门建造养殖池时，应注意泥鳅的潜土性和逃逸性，鳅池的建设要做到防逃、易捕。其配套设施建设见图 10。

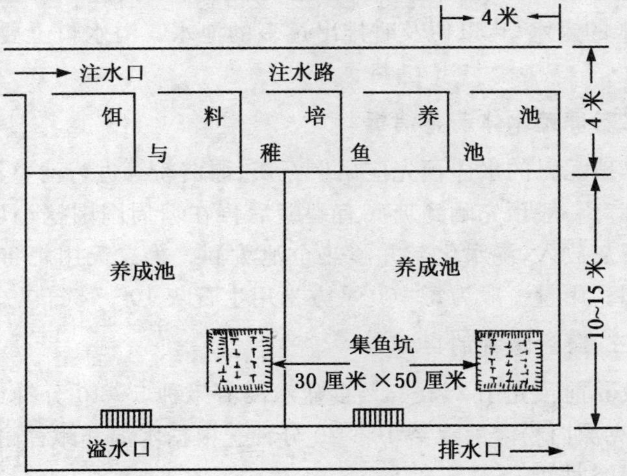

图 10　泥鳅养殖场地的设施

(1)防逃墙:除养鳅水泥池外,其他形式的养鳅池均需用泥土(黏土)作防逃墙,并在墙中央嵌木板或马口铁皮,插入泥中15~30厘米。防逃墙应高出水面30厘米,上沿最好加设宽12厘米左右的尼龙网或金属网作罩檐。

(2)进、排水口:在注水管上可紧缚一尼龙网袋,可有效地防止污物和敌害进入。出水口防逃栅设计成凸向池塘,分内、外两层,内层栅径小,拦泥鳅;外层栅径可大些,防污物进入池,同时可防敌害进入。

(3)集鱼坑(道):集鱼坑应设在养殖地中央或排水口附近。其大小为全地面积的5%左右,深30厘米以上,集鱼坑周围用木板围住,主要用于在池水不足或水温过高时,给泥鳅提供躲避场所,并便于捕捞及越冬。水田养殖可在水田四边或按对角线位置挖宽1米,深30~50厘米的集鱼道。

(4)溢水口:在暴雨季节,为了防止过多的雨水流入养鳅池,引起漫池逃鳅,须在靠排水沟的一边设立1~2个深5~10厘米、宽1~2米的溢水口,以便及时排出过多的池水。溢水口上要安装防逃栅。

(二)养殖水体清整消毒

养殖泥鳅的水体预先应用生石灰、漂白粉等进行清整消毒,除野灭害。一般预先晒到塘底有裂缝后再在塘周围围挖小坑,将块状生石灰放入,浇水化灰并趁热全池泼洒。第二天用耙将石灰与泥拌和。用量一般为每100平方米用生石灰10~15千克。

(三)野生鳅种消毒

放养前预先用2%~3%食盐水浸浴鳅种5~10分钟或10毫克/千克漂白粉溶液浸浴10~20分钟。根据水温和鳅种耐受情况调整浸浴时间。

(四)野生鳅种驯养

野外捕捉来的鳅种规格不整齐,预先可用泥鳅筛按规格分选,做到同一池子放养规格基本一致。另外,野生鳅长期栖息在水田、河湖、沼泽及溪坑等水域中,白天极少到水面活动,夜间才到岸边分散摄食。为了让其适应人工饲养,使它们由分散觅食变为集中到食台摄食,由夜间觅食变为白天定时摄食,由习惯吃天然饵料变为吃人工配合饲料,必须加以驯化。具体做法是:在下塘的第三天晚上(20 时左右),分几个食台投放少量人工饲料。以后每天逐步推迟 2 小时投喂,并逐步减少食台数目。经约 10 天驯养,使野生鳅适应池塘环境,并从夜间分散觅食转变为白天集中到食台摄食人工配合饲料。如果一个驯化周期效果不佳,可在第一周期获得的成果的基础上,重复上述措施,直至达到目的。

(五)泥鳅饲料的准备

在人工养殖条件下,为达到预期产量,就应准备充足的饲料,进行规模化养殖时更为重要。泥鳅食性广泛,饲料来源广,除了运用施肥培育水质外,还可广泛收集农副产品加工下脚料,也可专门培养泥鳅喜食的活饵料。

泥鳅食欲与水温关系密切。当水温为 16～20℃时应以投喂植物性饲料为主,比例占 60%～70%;水温为 21～23℃时,动、植物性饲料各占 50%;水温在 24℃以上时应适当增加动物性饲料,植物性饲料减至 30%～40%。

一般动物性饲料不宜单独投喂,否则容易使泥鳅贪食不消化,肠呼吸不正常,“胀气”而死亡。最好是动、植物性饲料搭配投喂。可根据各地饲料源,调制泥鳅的配合饲料。以下两种配方可作参考:

(1)鱼粉 15%,豆粕 20%,菜籽饼 20%,四号粉 25%,米糠 17%,添加剂 3%。

(2)鱼粉或肉粉 5%～10%,血粉 20%,菜籽饼(粕)30%～

40%,豆饼粕15%~20%,麦麸20%~30%,次粉5%~10%,磷酸氢钙1%~2%,食盐0.3%,并加入适量鱼用无机盐及维生素添加剂。

预先可沤制一定量的有机肥,放养后定期根据水色不断追肥。最后肥渣也可装袋堆置塘角起肥水作用,以不断产生水生活饵。

(六)泥鳅活饵料的培养

泥鳅是一种杂食性淡水经济鱼类,鱼粉、鱼浆、猪血(粉)、动物内脏、野杂鱼、虾蟹肉、螺蚌肉、蚯蚓、蚕蛹粉、黄粉虫等及谷物、米糠、豆渣、豆饼、菜饼、麦麸、酒糟、酱糟、豆腐渣、蔬菜叶等均是泥鳅的适口饵料。现介绍几种活饵料的培养方法。

1. 黄粉虫　黄粉虫又称面包虫,在我国南北方均有分布,常用于养鸟或垂钓,是养泥鳅的上好高蛋白饲料。

盆、缸、木箱、纸盒、砖池等器具均可作为黄粉虫的饲养设备。饲养时,先在饲养器具内放上细麸皮等饲料,再将黄粉虫幼虫放入,最后在上面放上菜叶,让其生活在麸皮、菜叶之间任其采食。虫、料、菜叶的比例为1∶1∶1。饲养期间要及时添加麦麸、菜叶等饲料。在幼虫生长期,还应添加适量的鱼粉,以补充营养。

当幼虫长到3厘米左右时就进入化蛹阶段,此时应及时把蛹从幼虫中分出,放入产卵箱内管理,蛹期不吃食,但要控制好湿度,防止蛹霉变。2周后便可羽化成成虫,此时可适当投喂一些饲料供其取食。

成虫的饲养器具沿口要用塑料薄膜或透明胶布粘贴固定好,以免虫子爬出或产卵不定位。器具底部要铺一块窗纱网(网眼孔径3毫米),使卵能漏下,不致被成虫吃掉。窗纱网下垫一层接卵纸,以便于集卵,纸上铺些麸皮。成虫产卵时,卵从网孔中落在下边的麸皮中。一般接卵麸皮每周换一次,将换下麸皮移入饲养容器中,约经2周时间便可孵出幼虫。周而复始,即可获得越来越多的黄粉虫。

饲养时，环境温度不能忽高忽低，否则会影响虫子生长，甚至引起死亡。一般适宜饲养温度为25～35℃，低于5℃或高于36℃均不利于黄粉虫的生长发育。同时，饲养器具中幼虫的厚度不宜超过3厘米，以免发热造成死亡。要及时清除死蛹和死虫，以免腐烂变质，滋生致病菌。另外，还要防止鼠害等。饲养室内不宜堆放化肥、农药等异味物质，也不宜在堆放过化肥、农药的库房养虫，更不能让其接触虫体。

2. 蚕蛹　蚕是完全变态昆虫，一生经过卵→蚕(幼虫)→茧(蛹)→蛾(成虫)四个发育阶段。刚出卵壳的蚕形如蚂蚁，故称为“蚁蚕”。从蚁蚕出壳到茧成熟一般需25～28天。其适宜生长温度为23～29℃。其饲料为桑树叶。泥鳅用饲料一般为其幼虫或蛹。

3. 蚯蚓　蚯蚓鲜体含蛋白质12%～20%，干体含蛋白质50%～70%，其中有效氨基酸含量为58%～62%，是泥鳅的上好饲料。

饲养蚯蚓的饲料以粪料干60%、草料40%的粪草混合物为好，其中以牛粪、稻草效果最佳。混合料应充分发酵腐熟，其程度为无臭味、无酸味，质地松软不沾手，颜色为棕褐色。

(1)盆养：先在盆内装1/3的菜园土，然后加0.5～1千克腐熟的饲料，浇水后放入蚯蚓60条左右，上面用木板盖上，使含水量保持在60%左右。

(2)箱养：木箱规格40厘米×60厘米×20厘米，箱内先装10厘米厚的菜园土，然后加10厘米厚的饲料，使含水量保持在60%左右，投放蚯蚓150～250条。

(3)砖池养殖：砖池规格为2米×1米×0.2米，放入园土和腐熟饲料各10厘米，保持含水量60%左右，投放蚯蚓1 500～2 500条。

(4)地槽养殖：在地势较高不会积水的地方挖长3～4米、宽1

米、深 0.3～0.4 米的槽，底层放饲料，浇水后放入蚯蚓 1 000～2 000 条，表层用麦秸或稻草覆盖。

(5)架式养殖：用木架或铁架，分四层，每层放塑料箱或木箱，规格为 60 厘米×48 厘米×15 厘米，每箱铺放 7.5 千克饲料，投放蚯蚓 300～500 条。

蚯蚓是一种夜行性动物，喜静怕光，白天栖息在潮湿、通气性能好的土壤中，夜晚出来活动。适宜在温度为 15～20℃、温度为 60%～70%、pH 为 6.5～7.5 的土壤中。因而日常饲养管理中应注意保持适宜的温、湿度，避免强光直射，冬季要保温，夏季要遮阴，要定期清除蚓粪等杂物，并要做好防逃和防敌害工作。

二、池塘养殖

池塘养殖泥鳅可以是土池、水泥池。可根据生产目的，放养不同规格的鳅种和稀放鳅苗，收获不同规格要求的商品泥鳅。

(一)池塘建造

1. 面积　养殖泥鳅池塘的面积一般来说不宜过大，以利于管理。可以根据实际情况，如资金、人力、土地面积、水量、饲料肥料来源、技术、市场等进行规模设计。可单池建造、连片建造，也可苗池、种池、成品池配套建造。初期上马应尽量利用原有塘、坑、洼地等略加改造成池，以减少基建投入，有赢利后再安排扩大或改造。

泥鳅苗池(兼为产卵、孵化池)每口 8～12 平方米，鳅种培育池每口 16～40 平方米，成鳅池每口 100～200 平方米。可根据以上比例灵活安排配套水面。

2. 土池　选择保水性能好的黏土地进行挖方建池，池壁有一定的倾斜。有条件的可用砖、石护坡，水泥勾缝。池底及四壁必须夯实。池深 0.6～1 米，水深 30～50 厘米。

3. 水泥池　可建成地下式、地上式或半地上式。池壁多用砖、石砌成，水泥光面，壁顶设约 12 厘米的防逃倒檐(约半块砖)。水泥池池底处理非常关键，必要时应先打一层“三合土”，其上铺垫一层油毛毡或加厚的塑料膜，以防渗漏，然后再在上面浇一层厚5厘米的混凝土。池深根据饲养方式而不同，有土饲养时为0.7～0.8米，无土流水饲养时为0.5米。回填到池底的泥土最好用壤土而不用黏土。

每口土池和水泥池均应设独立的进、排水口、溢水口。池底应有2%～3%的比降，以使水能排尽。进水口高于池水水面，排水口设在池底集鱼坑的底面。集鱼坑大小根据池子大小建造。有土饲养时在集鱼坑四周应设挡泥壁，并在泥面水平处增设一个排水口，以便于换水。进、排水口及溢水口均应设防逃栅罩。

（二）野生鳅种采捕

泥鳅苗种采捕比较容易，从春季到秋季任何时候都可从稻田、河、沟等水域里捕到幼鳅，作为苗种进行成鳅养殖。往往在夏季黄昏后幼鳅比较集中，如河沟的积水坑、稻田注水口等处。幼鳅的捕捞方法与成鳅捕捞大致相似。日本有人曾设计了一种在稻田中诱捕幼鳅的装置，捕捉效果很好。方法是采用一段直径约1.3米的水泥短管，直立埋在稻田中。管的上口露出水面30厘米，并用铁皮设置成朝向内面的卷边倒檐，以防泥鳅从上逃出。在管壁与泥相接触的地方设置数个直径10厘米的圆孔，在这些圆孔上设置向内部伸入的金属网漏斗，呈倒须状，网目为3毫米。水泥管内放堆肥、豆饼、米糠、螺肉等饵料引诱幼鳅进入。据报道，用该装置在7～8月份的一个月期间，投诱饵30余千克，从不到1 400平方米的稻田内诱捕到幼鳅30～40千克。

（三）苗种放养

一般在每平方米养殖池中可放养水花鳅苗（孵出2～4天苗）800～2 000尾，放养体长1厘米（约10日龄）小苗500～1 000尾，放养体长3～4厘米夏花100～150尾，体长为5厘米以上则可放养50～80尾。有微流水条件的可增加放养量，条件差的则减量。

(四)饲养投喂

放种前按常规要求清塘消毒后施足基肥，每100平方米可施10～20千克干鸡粪或50千克猪牛粪，2周后放种。

泥鳅是杂食性鱼类，喜食水蚤、丝蚯蚓及其他浮游生物。在成鳅养殖期间抓好水质培育是降低养殖成本的有效措施，同时合乎泥鳅生理生态要求，可弥补人工饲料营养不全和摄食不均匀的缺点，还可减少病害发生，提高产量。放养后根据水质施用追肥，保持水质一定肥度，使水体始终处于活爽状态。也可在池的四周堆放发酵腐熟后的有机肥或泼洒肥汁。

充分培养天然饵料的基础上还必须人工投喂，在投喂中应注意饵料质量，做到适口、新鲜。主要投喂当地数量充足、较便宜的饲料，这样不致使饲料经常变化，而造成泥鳅阶段性摄食量降低。饲料要新鲜，不投变质饲料。

在离池底10～15厘米处建食台，做到投饲上台。要按"四定"原则投喂饲料：即定时，每天2次(9时和16～17时)。定量，根据泥鳅生长不同阶段和水温变化，在一段时间内投喂量相对恒定。定位，在每100平方米池中设直径30～50厘米固定的圆形食台。定质，做到不喂变质饲料，饲料组成相对恒定。

泥鳅的食物与水温有关。水温20℃以下时，植物性饵料占摄食总量的60%～70%；水温20～23℃时，摄食的饵料中动、植物性饵料各半；水温在23～28℃时，动物性饵料占60%～70%。因此，在不同的季节要适当调整饵料的成分和投喂量。开始投饵时，每天傍晚喂一次，并逐渐驯化泥鳅养成白天摄食的习惯，驯化后，一般每天投喂2次，6～7时投喂70%，13时投喂30%。水温为15℃时，日投量为鳅体重的2%；随着水温升高，投喂量也逐渐增加。在泥鳅摄食旺季，要注意不能连续多天投喂高蛋白的单纯动物性饵料，因为这样会使其过于贪食，引起肠道过度充塞，从而影响肠呼吸。在泥鳅生长适温范围内，最高投喂量可达鳅体重的10%～15%，一般为7%～8%。水温高于30℃或低于10℃，应少投或停喂。每天投喂量应根据天气、温度、水质等情况随时调整。要抓紧开春后水温上升时期的喂食及秋后水温下降时期的喂食，做到早开食，晚停食。

一般6厘米规格（体重2～3克）的入塘鳅种，经一年养殖可达到10～12克。池塘养鳅各月饲料投喂量可按表15比例参考确定。

配合饲料应制成团块状软料投放在食台上。

表15　成鳅各月投喂比率

月份	7	8	9	10	11	4	5	6
水温(℃)	32	29	25	21	16	17	23	26
占年投饵量(%)	5	15	24	8	2	7	18	21

(五)日常管理

池塘中要放养水葫芦、空心菜（蕹菜）等漂浮性水生植物，占池面10%左右，起到遮阴蔽阳、吸收水中过剩养分的作用，并吸引水生昆虫作为泥鳅活饵料。水生植物的嫩根、嫩芽也可被泥鳅自由摄食，以增加所需营养。

要防止浮头和泛池，特别在气压低、久雨不停或天气闷热时，如池水过肥极易浮头和泛池，应及时冲换新水。

平时要坚持巡塘检查，主要查水质，看水色，观察泥鳅活动及摄食情况等。

要注意防逃。泥鳅逃逸能力很强，尤其在暴雨、连日大雨时应特别注意防范。平时应注意检查防逃设施是否完整，塘埂有否渗漏，冲新水时是否有泥鳅沿水路逃逸等。

要定期检查泥鳅生长情况，随时调整喂食、施肥、冲注新水等措施。如果放养的泥鳅苗生长差异显著时，应及时按规格分养。这样，可避免生长差异过大而互相影响，还可使较小规格的泥鳅能获得充足的饲料，加快生长。

三、稻田养殖

稻田养殖泥鳅是生态养殖的一种方式。稻田浅水环境非常适合泥鳅生存。盛夏季节水稻可作为泥鳅良好的遮阴物，稻田中丰富的天然饵料可供泥鳅摄食。另外，泥鳅钻泥栖息，疏通田泥，既有利于肥料分解，又促进水稻根系发育，鳅粪本身又是水稻良好的肥源，泥鳅捕食田间害虫，可减轻或免除水稻一些病虫害。据测定，泥鳅养殖的稻田中有机质、有效磷、硅酸盐、钙和镁的含量均高于未养田块。有学者对稻田中捕捉的 33 尾泥鳅进行解剖鉴定，其肠内容物中有蚊子幼虫的有 6 尾；解剖污水沟中的泥鳅 14 尾，肠内充满蚊子幼虫的有 11 尾，有蚊子成虫的 11 尾。可见泥鳅还是消灭卫生害虫的有力卫士。

（一）养殖田块选择

泥鳅产量高低与稻田适合养鳅的基本条件是分不开的，必须根据泥鳅对生态条件的要求选好田块。

1. 水源　供水量要充足，排灌方便，旱季不涸，雨季不涝，水质清新，无污染。

2. 土质　以保水力强的壤土或黏土为好，沙土最差。土质以肥沃疏松、腐殖质丰富、耕作层土质呈酸性或中性的为好。泥层深 20 厘米左右，干涸不板结，容水量大，不滞水，不渗水，保水保肥力强，能使田水保持较长时间。特别在鱼沟、鱼凼里的水应经常稳定在所需水深，水温比较稳定，也有利天然饵料繁衍。

3. 面积　为便于管理，养鳅田面积以 0.5～1 亩为好，而且要求地势平坦、坡度小。如是梯田，田埂要坚固，并能抗暴雨。

4. 稻品种　养鳅稻田中一般选择单季中稻或晚稻为好。

（二）稻田养鳅基本设施

1. 防逃设施　稻田养鳅田埂内侧应尽量陡峭光滑，可用木板等材料挡于内侧，并向内倒檐。木板等应打入土内 20 厘米左右。

2. 鱼沟、鱼凼　鱼沟、鱼凼的设置解决了种稻和养鳅的矛盾。鱼沟是泥鳅游向全田的主要通道。鱼凼也叫鱼坑。鱼沟、鱼凼可使泥鳅在稻田操作、施肥、施药时有躲避场所。在稻田养鳅时可提早放养和延迟收获而延长了饲养期，有利于收捕。

鱼沟、鱼凼开设面积一般占稻田的 5%～8%，做到沟、凼相通。鱼沟可在栽秧前、后开挖深宽各为 35～50 厘米，依田块大小开成"～"、"＋"、"＋＋"形的沟。主沟开在稻田中央，环沟离田埂 0.5～1 米，不能紧靠田埂。开挖时将鱼沟位置上的秧苗分别移向左、右两行秧苗之间，做到减行不减株，利用水稻边行优势保持水稻产量。鱼凼一般建在田块中央或四角，形状为长方形、方形、圆形、椭圆形等。通常以长方形、方形为好，鱼凼深 0.5～1 米，凼底铺30 厘米肥田泥。鱼凼边周筑高、宽均为 10 厘米的凼埂，四周挖宽 40 厘米、深 30 厘米的环沟，防止淤泥下凼。凼埂留 1～2 个缺口，以利于泥鳅进出活动觅食。凼埂上可栽瓜豆、葡萄等作物，也可搭建阴棚，以降盛夏高温。

鱼沟、鱼凼也可作为繁殖饵料生物的场所。在靠近排水沟附近的沟、凼底，用鸡粪、牛粪或猪粪等混合铺 10～15 厘米厚，上面铺约 10 厘米厚稻草和 10 厘米厚泥土，培养饵料生物。

鱼沟、鱼凼，增加了稻田贮水量，可促进稻、鳅生长。

3. 开沟起垄　开环沟和中心沟之后，再根据稻田面积大小开沟起垄。开沟起垄的原则是有益于水稻群体发育为前提。

环沟离田埂 50～100 厘米，田埂与环沟间栽一垄水稻，可防止田埂塌陷漏水逃鱼。开挖环沟的表层土用来加高垄面，底泥用来加高田埂。

环沟和中心沟开挖后，根据稻田类型、土壤种类、水稻品种和放养泥鳅规格的不同要求开沟起垄。如土太烂则需隔 1～2 天再开沟起垄。开沟起垄分两次完成，第一次先起模垄，隔 1～2 天待模垄泥浆沉实后，再第二次整垄。垄沟要平直，最好为东西向。起垄规格一般采用以下几种：一是垄沟深均为 20～30 厘米，以到硬土层为好。垄沟宽 33 厘米、垄面宽 23～26 厘米；二是垄沟宽 40 厘米，垄面宽有 52.8 厘米、66.0 厘米、79.2 厘米、92.4 厘米、105.6 厘米等 5 种规格。

4. *拦鱼栅* 拦鱼栅建成"∧"形或"∩"形。进水口凸面朝外、出水口凸面朝内，既加大了过水面，又使栅不易被冲垮。如泥鳅规格小，可安两道栅，第一道挡拦污物，第二道用金属筛网可拦较小规格鳅苗。安栅高度要求高出田埂 20～30 厘米，下部插入泥中 15 厘米。也可以竹筒代替。方法是取略长于田埂宽度，直径约 10 厘米的竹筒，保留一端竹节，其余打通，在未通竹节端用锯子锯 2～3 毫米宽小缝若干。作注水用竹筒，安装时将有缝隙端伸田内；作排水用时则伸田外。一般每亩要这样的竹筒 5 个。

(三)养殖方式

稻田饲养商品泥鳅有半精养和粗养两种。半精养是以人工饵料为主，对鳅种、投饵、施肥、管理等均有较高的技术要求，单产较高。粗养主要是利用水域的天然饵料进行养殖生产，成本低、用劳力较少，但单产较低。

1. 半精养 一般在秋季水稻收割之后，选好田块，搞好稻鱼工程设施，整理好田面。来年水稻栽秧后待秧苗返青，排干田水，太阳暴晒 3～4 天。每 100 平方米田面撒米糠 20～25 千克，次日再施有机肥 50 千克，使其腐熟，然后蓄水。水深 15～30 厘米时，每 100 平方米放养 5～6 厘米鳅种 10～15 千克。放养后不能经常搅动。第一周不必投喂，1 周后每隔 3～4 天投喂炒麦麸和少量蚕蛹粉。开始时均匀撒投田面，以后逐渐集中到食场，最后固定投喂在鱼凼中，以节省劳力和方便冬季聚捕。每隔 1 个月追施有机肥 50 千克，另加少量过磷酸钙，增加活饵料繁衍。泥鳅正常吃食后，主要喂麦麸、豆渣、蚯蚓和混合饲料。根据泥鳅在夜晚摄食特点，每天傍晚投饵1次。每天投饵量为在田泥鳅总体重的3%～5%。投饵做到“四定”,并根据不同情况随时调整投喂量。一般水温22℃以下时以投植物性饵料为主;22～25℃时将动、植物性饵料混合投喂;25～28℃时以动物性饲料为主。11月份至翌年3月份基本不投喂。夏季注意遮阴,可在鱼凼上搭棚,冬季盖稻草保暖防寒。注意经常换水,防止水质恶化。冬季收捕一般每100平方米可收规格10克以上泥鳅30～50千克。

2.粗养 实行粗养的稻田,同样应按要求做好稻田整修和建设必要的设施。当水稻栽插返青后,田面蓄水10～20厘米后投放鳅种。只是放养密度不能过大,由于不投饵,所以通常每亩投放3厘米鳅种1.5万～2万尾,或每100平方米稻田投放大规格鳅种5千克左右。虽不投饵,但依靠稻田追施有机肥,可有大量浮游生物和底栖生物及稻田昆虫供其摄食。夏季高温时应尽量加深田水,以防烫死泥鳅。如为双季稻田,在早稻收割时,将泥鳅在鱼凼或网箱内暂养,待晚稻栽插后再放养。如防害防逃工作做得好,每亩稻田也可收获10厘米(尾鳅8克左右)泥鳅50千克以上。

另一种粗养方式是栽秧后,直接向田里放亲鳅10～15千克,任其自然繁殖生长,只要加强施肥管理,效果也不错。

(四)施肥和用药

施肥对水稻和泥鳅生长都有利。但施肥过量或方法不当,会对泥鳅产生有害作用。因此,必须坚持以基肥为主,追肥为辅;以有机肥为主,化肥为辅的原则。

稻田中施用的磷肥常以钙镁磷肥和过磷酸钙为主。钙镁磷肥施用前应先和有机肥料堆沤发酵后使用。堆沤过程靠微生物和有机酸作用,可促进钙镁磷肥溶解,提高肥效。堆沤时将钙镁磷肥拌在10倍以上有机肥料中,沤制1个月以上。过磷酸钙与有机肥混合施用或厩肥、人粪尿一起堆沤,不但可提高磷肥的肥效,而且过磷酸钙容易与粪尿中的氨化合,减少氮素挥发,对保肥有利。因此,采用氮肥结合磷钾肥作基肥深施可提高利用率,也可减少对泥鳅的为害。

有机肥均需腐熟才能使用。防止有机肥在腐解过程中,产生大量有机酸和还原性物质而影响泥鳅生长。

基肥占全年施肥量的70%~80%,追肥占20%~30%。注意施足基肥,适当多施磷钾肥,并严格控制用量。对泥鳅有影响的主要是化肥。施用过量,水中化肥浓度过大,就会影响水质,严重时引起泥鳅死亡。几种常用化肥安全用量每亩分别为:硫酸铵10~15千克;尿素5~10千克;硝酸钾3~7千克;过磷酸钙5~10千克。如以碳酸氢铵代替硝酸铵作追肥,必须拌土制成球肥深施,每亩用量15~20千克。碳酸氢铵作基肥,每亩可施25千克,施后5天才能放苗。长效尿素作基肥,每亩用量25千克,施后3~4天放鱼。若用蚕粪作追肥,应经发酵后再使用。因为新鲜蚕粪含尿酸盐,对鱼有毒害。施用人畜粪追肥时每亩每次以500千克以内为宜,作基肥时以800~1 000千克为宜。过磷酸钙不能与生石灰混合施用,以免起化学反应,降低肥效。

酸性土壤稻田宜常施石灰,中和酸性,提高过磷酸钙肥效,有利于提高水稻结实率,但过量有害。一般稻田水深6厘米,每亩每次施生石灰量不超过10千克。要多施则应量少次多,分片撒施。

用药严格按照无公害农产品生产要求,使用低毒高效农药。用药前加深田水,水层应保持6厘米以上。如水层少于2厘米,能对泥鳅安全带来威胁。病虫害发生季节,往往气温较高,一般农药随气温上升会加速挥发,同时也加大了对泥鳅的毒性。喷洒农药时应尽量喷在水稻叶片上,以减少落入水中的机会。粉剂要在早晨稻株带露水时撒用;水剂宜晴天露水干后喷。下雨前不要施药。用喷雾器喷药时喷嘴应伸到叶下向上喷。养鳅稻田不提倡拌毒土撒施。使用毒性较大的农药时,可一边换水一边喷药,或先干田驱鳅入沟、凼再施药,并向沟、凼冲换新水。也可采用分片施药,第一天施一片，第二天再施另一片，可减轻对泥鳅的药害。

四、流水养殖

泥鳅适于在水源充足、含氧量高的小面积水体内生活，所以用流水养鳅是一种高效率的养殖方法，特别适合山区农户利用水源落差流水养鳅。

(一)塘、坑养殖

将溪流、沟渠水流引入庭院或用“借水还水”方式，即用支流引进塘、坑，再从塘、坑流出“还”入沟、渠，进行流水养鳅。例如，在院内建 2～10 平方米的长方形池，深 50～60 厘米，上搭阴棚或用木板作盖，也可建瓜、豆棚遮阴。每平方米放养 6 厘米鳅种 200～300 尾。投喂米糠、麦麸和少量鱼粉，添加适量甘薯淀粉黏合成团块饲料或加蚯蚓、蝇蛆等鲜活饲料。一年增重 4～5 倍，当年每平方米水面可收成鳅 8～10 千克。

(二)木箱养殖

木箱规格 1 米×1 米×1.5 米。设直径 3～4 厘米进排水孔，装网目 2 毫米金属网。箱底填粪肥、泥土，或一层稻草一层土，堆积 2～3 层，最上为泥土，保持箱内水深 30～50 厘米。木箱安放流水处，使水从一口入，另一口出。也可用水管从上向下流水。几个木箱可并联。选择向阳、水温较高处设箱，降雨时防溢水。箱上要盖网，防鸟兽为害。

每箱可放养鳅种 1～1.5 千克。投喂饵料为米糠、螺类、蚕蛹、鱼内脏等。一天喂 2 次，6～7 时及 13 时投喂。日投喂量为鳅体重的 3%～5%。可根据泥鳅的吃食情况有所增减。最高投喂量可达鳅体重的 10%。每隔 10 天，将下层泥土搅拌 1 次，以利于泥鳅天然饵料的生长。经过 4～11 月份的饲养，泥鳅的增重倍数可达 8～10，1 个木箱可产成鳅 8～15 千克。

由于木箱养殖密度较高，要经常清除残饵，观察泥鳅吃食及活动情况，如发现病鳅、死鳅就要及时捞取，以防鳅病传染。饲养后期，将已达上市规格的泥鳅取出，以降低密度，促进生长。

(三)网箱养殖

网箱养鳅具有放养密度大、网箱设置水域选择灵活、单产高、管理方便、捕捞容易等优点，是一种集约化养殖方式。

1. 网箱设置　箱体由聚乙烯机织网片制成，网目大小以泥鳅不能逃出为准。适于设置在池塘、湖泊、河边等浅水处。箱体底部必须着泥底，箱内铺填 10～15 厘米泥土。箱体面积以 20～25 平方米为宜。高度视养殖水体而定，使网箱上半部高出水面 40 厘米以上。要设箱盖等防逃设施。

2. 放养　一般每平方米放养 6～10 厘米鳅种 800～1 200 尾，并根据养殖水体条件适当增减。水质肥、水体交换条件好的水域可多放，反之则少放。放养前进行鳅体消毒。

3. 饲养管理　箱内设一个 2 平方米食台，食台离底 20～25 厘米，饵料投在食台上，方法与池塘养殖泥鳅相同。

4. 日常管理　主要是勤刷网衣，保持箱体内外流通，溶氧丰富，并使足够的浮游生物进入箱内，为泥鳅提供丰富的天然饵料。经常检查网衣，有洞立即补上。网箱养殖密度大，要注意病害防治。平时要定期用生石灰化水泼洒。或用漂白粉挂袋，方法是每次用二层纱布包裹 100 克漂白粉挂于食台周围，一次挂 2～3 只袋。要及时清除食台残饵。

(四)无土饲养法

国外泥鳅养殖多采用多孔材料代替泥土进行立体养殖，效果很好。无土养殖的泥鳅口味好。有的以细沙代替泥土，养殖密度可提高 4 倍，一年中泥鳅个体可长 5 厘米左右。无土养殖解决了捕捞不便、劳动强度大、起捕率不高的问题，为大规模生产泥鳅开辟了广阔的前景。

例如,饲养池为水泥池,面积 30 平方米,水深 0.45 米。池中放置长 25 厘米、孔径 60 厘米的维尼纶多孔管 10 800 根。每 20 根为一排,每两排扎成一层,每三层垒成一堆,总共 90 堆。每池放养尾重 0.4～0.5 克鳅苗 7 000 尾。日投饲两次,投饲量为鳅体重的 3%～5%。池水以每分钟 60 升的量循环交换。共饲养 90 天,每平方米产量达 2 千克,折合亩产 1 300 千克。也有的把大小为 40 厘米×20 厘米×15 厘米的三孔水泥砖块竖立池底,饲养管理同上。饲养 90 天,每平方米产量可达 3.75 千克,折合亩产 2 500 千克。

(五)沟渠围栏饲养法

利用沟渠流水饲养泥鳅,在其上、下游处设拦网放种饲养。一般每平方米放养 1 龄鳅种 2.5～3 千克,饲养 4～6 个月后,每平方米产量达 10～12 千克。这种饲养方式需全部投喂高质量的人工配合饲料,成本较高。

(六)水槽饲养法

在有水源但不宜建池的地方可用此法饲养泥鳅。水槽长 1.5 米、宽和高各 1 米。在其一侧或两侧开设直径 3～5 厘米的进、出水孔。孔口安装网目 2～3 毫米的密眼金属网。槽内堆放粪肥和泥土。槽内水深 30 厘米左右。注水可用水管由上向下注入。也可将槽放在流水处,任水自由注入、排出。水槽应置于向阳避风处,水温不能低于 15℃。每只水槽可放养 3～5 厘米的泥鳅苗 1～1.5 千克。投喂糠麸、糟渣、蚕蛹、螺蚌和禽畜内脏,每天投喂 1 次。一般 4 月份放种,到年底可增重 8～10 倍,每只水槽可收获泥鳅 8～15 千克。

五、庭院式养殖

庭院式养殖方法主要有两种：一种是在家中设缸或用编织筐、砌砖成小池，再以塑料膜铺填，上面再铺泥，形成容器进行养殖；另一种是在房前屋后庭院中挖小池，规格100～200平方米，深60～70厘米，池底铺泥，水深约50厘米。这类小池，每平方米可放泥鳅苗种约1千克；较大池，每100平方米放养8～10千克。根据换水条件放种量增减。养殖过程注意勤喂饲料，勤换水，喂料要少量多次。饲料除了鱼粉等动物性饲料外，还要投喂部分植物性饲料，如米饭、麸、酒糟、菜叶、水草、米糠、豆渣、饼粕等，也可喂些配合饲料。坑凼施肥以家畜肥为主。庭院养泥鳅可自繁、自育苗种。只要保留适量亲鳅便能获得足量的鳅种。在繁殖季节成熟亲鳅不必注射激素，只要在饲养小水体中给予微流水刺激，就能产卵繁殖。在庭院式养殖中，可与黄鳝、革胡子鲶一起进行混养。

另外，泥鳅可以与常规家鱼、鳗鱼等混养，尤以与鳗鱼、鲢鳙、草鱼混养效果较好。泥鳅不与上述家鱼争食，且能疏松底质，促进有机物分解及微生物的繁衍，为鱼类创造良好的生活条件。但是，鲤鱼、鲫鱼、罗非鱼等与其争食厉害，互相影响大，故不宜混养。泥鳅和家鱼混养时，一般每平方米放养泥鳅100～200尾，约占总放养量的20%。

六、大水面鱼、鳝、鳅混养

方云东(1999)报道了在100亩的荡滩中进行鱼、鳝、鳅混养，年底共收获鲢鱼8 750千克，银鲫鱼种15 000千克，黄鳝1 550千克，泥鳅2 000千克。具体做法如下。

(一)准备工作和苗种放养

荡滩面积100亩，平均水深1.2米，池埂修固坚实、不渗漏。

配备柴油机两台，两套拖排泵，船两条。冬季干塘，用石灰消毒、清整、暴晒半个月。

苗种来源：鲢、银鲫为专塘培育；黄鳝、泥鳅为市场收购。放养情况见表16。

表16　鱼、鳝、鳅放养情况

放养时间	品种	规格	总放养量	亩放养量
1998年1月	鲢	13～14尾/千克	1 000千克	10千克
1998年1月	银鲫	夏花	40万尾	4 000尾
1998年4～6月	黄鳝	40～50尾/千克	200千克	2千克
1998年4～6月	泥鳅	200千克	2千克	

(二)饲养管理

鳝种当天收捕当天放养，选腹部颜色黄且杂有斑点者，规格40～50尾/千克。苗种下塘先用3%～4%食盐水浸泡5分钟消毒。

种植水草。在浅水区移植水花生，浮水区栽种荷藕，水生植物覆盖面积占15%左右。

以颗粒饲料投喂，按鱼存塘量的比例投喂，每10天调整投喂量比例。

高温季节勤换水，7～8月份两天加换新水一次，每次换水量为1/4～1/3。

加强防逃工作，进、出水口和较低易逃埂段加铁丝网或聚乙烯网，并深埋土中，防鳝、鳅逃逸。

从养殖中体会到，在大水面混养，鱼产量宜设计在200～300千克/亩为宜，便于进行水质控制。黄鳝产量设计在10～15千克/亩，避免过密而互残。放养泥鳅可利用残饵，繁殖的小泥鳅可作黄鳝活饵料。

从鳝、鳅经济效益分析，黄鳝苗种成本为 3 200 元，泥鳅苗种成本为 2 000 元。鳝、鳅销售收入 91 000 元，获利 85 800 元，亩平均获利 858 元。

七、商品泥鳅养殖实例

（一）水泥池养殖泥鳅

山东省临沂市润兴特种水产养殖场在兰山区渔业技术推广站的指导下开展水泥池养殖泥鳅试验，成鳅全部出口日本、韩国，取得了显著的经济效益。

1. 水泥池条件　水泥池面积为 1～3 亩，东西方向排列，池深 1.1 米，池壁用空心砖垒砌，水泥抹面，由于池底为黏质土，土质较硬且池底平坦，故未作其他处理。水泥池的进水口和排水口均用铁丝网拦住，池底向排水口一端倾斜，在排水口端设有溢水孔，溢水孔距离池底 0.6 米，常年保持池水水深在 0.5 米左右。如果池水水位过深，会造成养殖池内水温偏低，影响泥鳅摄食，尤其在春季和秋季表现更为明显。养殖场备有大口水井 1 口，配备有面积为 25 平方米的暂养池 2 口，暂养池用于井水曝气和暂养鳅种，以及在进行放养、捕捞、销售等操作时作为药浴池使用。

2. 放养前的准备工作　新的水泥池建成后，不能直接放养鳅种，必须先进行处理，处理方法是将池水灌满，观察有无漏水情况，浸泡 2～3 天后再将池水排干，然后暴晒 3～4 天，用生石灰 200 千克/亩兑水化浆全池泼洒，进行带水清塘，7 天后待毒性消失后即可放养鳅种。

3. 鳅种放养　5 月上旬开始，从当地收购泥鳅苗种，到 6 月底共收获泥鳅苗种 6 500 千克，分别放养于 4 口水泥池中。所放养的苗种要求规格整齐、体质健壮、体表光滑、活动力强、无病无伤，放养前用鱼筛过数，并用聚维酮碘浸洗消毒，以防鱼病的发生。规格为100～120尾/千克的泥鳅苗种，放养密度为800～850千克/亩。

4. 养殖管理

(1)饲料投喂：投喂应遵循“定时、定量、定质、全池遍洒”的原则。5月上旬以后，当水温达到18℃度时开始正常投喂，饲料投喂量在泥鳅正常生长水温范围内依水温的高低而不同，每次投喂前先敲击桶或盆，并将投喂时间适当延长，使泥鳅形成条件反射。养殖早期每天投喂2次，日投喂量占鳅体总重的2%，饲料中膨化饲料与沉性饲料各占50%，均为泥鳅专用全价配合饲料，粒径2毫米，且投喂时先投喂沉性饲料，后投喂膨化饲料。7～9月份，水温较高，泥鳅摄食旺盛，日投喂量为鳅体总重的3%～5%，每天投喂3次。10月以后，水温降到20℃以下时，每天投喂2次，日投喂量为鳅体总重的2%～3%。投喂持续到11月上旬结束。

(2)水质调控：养殖泥鳅的过程中，理想的水色是由绿藻形成的黄绿色或黄褐色。为保持水质清新，在养殖过程中应定期向水泥池内充注新水，并使用一定量的生石灰来控制水质和pH。一般地，每隔7～10天加水1次，每次加水8～10厘米；每隔20天使用生石灰1次，用量为10～15千克/亩，使池水透明度始终保持在20～40厘米。若池水透明度小于20厘米时，应及时充注新水或使用生石灰加以调节。

(3)日常管理：坚持早、晚巡塘，做好养殖记录。注意观察泥鳅生长、摄食、活动情况及水质变化情况，定期检查进排水口，防止泥鳅逃逸。当水质恶化时，泥鳅会不断地蹿出水面吞气或浮头不止，应立即停止投喂，加注新水，以增加池水中溶解氧的含量。因泥鳅在集约化养殖条件下的投喂量较大，残饵和粪便易污染水质，故发现异常情况应及时查找原因，采取相应措施。加强安全管理，一方面经常检查池堤是否安全牢固，防止塌塘；另一方面注意用电安全，尤其要经常检查用电设备及线路。严防鼠、鸟等敌害生物捕食泥鳅。

5.鱼病防治　贯彻“以防为主、防治结合”的方针，做到无病先防、有病早治。除做好鳅种消毒、水体消毒外，还应定期投喂药饵，以防止鱼病的发生。一般每隔15～20天全池泼洒0.3毫克/升溴氯海因1次，每隔15～20天投喂药饵1次，且连喂3天为一个疗程。经过注册的养殖场，所产泥鳅全部出口，养殖中所用药物必须符合相关规定，特别是在养殖后期应严格控制药物的使用。

6.捕捞　采用拉网进行捕捞，同时将捕捞的泥鳅进行过筛，达到商品规格的成鳅即可进行销售，达不到商品规格的泥鳅放原池继续喂养。

7.收获

(1)养殖产量：从11月中旬开始到翌年2月12日共捕捞7次，收获泥鳅11 360千克，平均规格达到72尾/千克，平均亩产量为1 420千克。

(2)经济效益分析：所产泥鳅全部出口日本和韩国，平均售价为24元/千克，总收入272 000万元。扣除鳅种支出81 000元，饲料支出45 000元，人员工资支出18 000元，其他支出6 000元，实现纯收入122 000元，平均亩纯收入15 200元。

8.分析与讨论

(1)利用水泥池养殖泥鳅，与传统的泥鳅暂养相比成本较高，由于采用了膨化饲料与沉性饲料配合投喂，解决了养殖后期泥鳅抢食减弱时的饲料浪费问题，可显著降低养殖成本。同时，由于养殖出的泥鳅全部出口，销售价格较国内高出3～5元/千克，故养殖的经济效益显著提高。

(2)由于养殖用水泥池的底质较硬，用拉网即可进行捕捞，简单易行，可显著降低劳动强度。

(3)养殖过程中，不同泥鳅个体之间生长速度表现出明显差异，雌性个体生长速度较快，而雄性个体生长速度稍慢。在有条件情况下，可通过采取人工授精方法，提高泥鳅群体中雌性个体的比例，以提高养殖的经济效益。

(二)稻田养殖泥鳅

据报道(2000)，浙江大学动物科学学院朱炳全在浙江省浦江县进行了利用改造后稻田养殖泥鳅的试验研究，取得了良好的社会和经济效益。现将研究结果总结如下。

1. 材料和方法　试验区在浦江县平安乡水阁村，面积为2 200平方米。土质为沙壤土。有水渠与水库相通，保证用水充足。四周用水泥建起80厘米高的防逃墙。在稻田四周及中央挖一“田”字形水沟。沟宽和沟深都为50厘米，进、出水管和溢水管各1处，管口均用细密铁丝网拦截，出水管平时用水泥封住。

2月下旬在稻田灌水前，每平方米用生石灰113克化水后均匀泼洒，进行全面清理消毒工作。消毒进水后，每平方米施发酵过的猪肥1.5千克，培肥水体，水的透明度为20厘米左右。

从泥鳅苗种繁殖场引进体质健壮的鳅苗。由于鳅苗不够，分2次投放。放养时间是：5月上旬放养鳅苗200千克，规格为315尾/千克；5月下旬放养鳅苗150千克，规格为218尾/千克 。幼苗放养前先用3%的食盐溶液浸泡10分钟，消毒后入田。共放养泥鳅苗350千克。

2. 饲养管理

(1)施肥：在养殖过程中，为了保证浮游生物繁殖不断，必须及时、少量、均匀地追施有机肥。每隔15天施肥1次，每次每平方米施肥22.5千克。另外根据水色的具体情况，每次每平方米施2.25克左右的尿素或3.75克碳酸氢氨，以保持水体呈黄绿色。

(2)投饵：泥鳅的食性很广，在野外情况下主要捕食水体中的浮游生物和腐殖质等，也吃少量所种的莲藕根。在饲养过程中，由于泥鳅的密度较高，其饵料主要是人工饲料，以补充天然饵料的不足。平时应及时投喂人工饲料，如豆饼、蚕蛹粉、米糠、菜籽饼、麸皮等，并注意其配比。7～8月份是泥鳅生长的旺季，要求蚕蛹粉达15%、鱼骨粉10%、豆饼25%。9～10月份以植物性饲料(如麸皮、米糠等)为主。一般每天上、下午各投喂1次，投喂量为泥鳅总重量的2%～4%，早春和秋末以2%左右为宜，7～8月份以4%左右为好。具体根据泥鳅取食情况灵活掌握。

(3)水位控制：水位控制极为重要。田面以上实际水位一般控制在15厘米，从而使水沟水位在65厘米左右。适时加入新水，一般每半个月加水1次，夏天高温季节应适当加深水位。

(4)疾病防治：由于泥鳅适宜于水田养殖，在养殖过程中一般没有疾病发生。为了防止出血病的发生，每月每平方米用敌百虫225毫克化浆后全池泼洒1次。

(5)日常管理：每日至少巡田2次，检查防逃设施，注意仔细检查有无漏洞和防止天敌入侵(如水蛇等)，并观察泥鳅的活动和摄食情况。仔细观察并记录天气、水温、泥鳅摄食情况等，便于分析总结。另外，严禁含有甲胺磷、毒杀酚、呋喃丹等剧毒农药的水流入。

(6)捕捞：本试验起捕时间为1999年12月17日。由于泥鳅一般钻在沟中泥浆里，将沟中泥浆倒在筛子上，泥鳅就留在上面。放入箩筐中用水冲一下即可。

3.试验结果　12月17日开始排水捕捞，捕捞面积为2 033平方米，捕得泥鳅2 112千克。随机抽样称重，平均规格达25克。2000年1月13日捕鳅167平方米，捕得泥鳅175千克。2次共收泥鳅2 287千克，平均1.04千克/平方米。

总收入为26 032元。泥鳅苗成本9 100元；自配人工饲料2 500千克，成本4 500元；水泥防逃设备平均每年使用费为325元；其他费用为92元；总支出为14 017元。纯收入12 015元，平均5.46元/平方米。

4.分析与讨论　实践证明稻田是泥鳅生长非常适宜的环境，而且泥鳅的养殖方式简单，劳动强度低但价格高、效益好。农田收入增加，提高了农户养殖泥鳅的积极性。另外，泥鳅的适应性较强。我国中低产田的比例较大，靠近水库和山脚边的冷水田、山坞田的面积也不少，只要水源和水质能够保证，一般都能养殖成功。适宜于大面积推广应用。

从养殖角度来看，本试验是很成功的，产量也较高。但养殖户没有把握机会，在市场价格较低时出售，影响了总体的收入。如果将泥鳅上市时间放在春节前后，效益会更高。可见既要养好，又要根据市场价格行情适时进行捕捞。利用改造后稻田进行泥鳅养殖，具有高产、高效、优质等优点，也为调整农业产业结构，增加农民收入提供了一种新的模式。

(三)池塘养殖泥鳅

据报道(2007)，安徽省怀远县水产技术推广中心赵林斌在实施“泥鳅苗种规模化繁育与高效养殖技术开发”项目过程中对泥鳅的亲本培育、人工催产、人工孵化、苗种培育、高效养殖、病害防治等方面进行了试验与研究，现就池塘高效养殖泥鳅有关技术、措施与效益概述如下。

1. *池塘条件* 选择水源充足、水质良好、土质为壤土或黏土的池塘，每口池塘面积0.5～3亩，最大不超过6亩，池深1米，池水深度保持0.5～0.6米，进水口高出水面0.5米以上，用阀门控制水流量，排水口与池塘正常水面持平，排水底孔处于池塘最低处，且排水口用防逃网罩上，排水孔用阀门关紧。

2. *放养前的准备工作* 苗种放养前清整池底，用3千克/亩漂白粉或100千克/亩生石灰清塘消毒，第三天施基肥并加水至0.5米深，10天后药物消失后即可放苗。

3. *鳅种放养* 体长5～8厘米的苗种放养密度为5万～6万尾/亩，苗种投放时用2%食盐水消毒2分钟。

4. *养殖管理* 成鳅养殖一般采用全价颗粒饲料，蛋白质含量不低于30%，日投喂量占鳅体总重的2%～4%，每天投喂4次，具体的投喂量应根据天气、水温等情况适时调整。秋天水温低于15℃时,改为每天投喂2次,投喂量逐减。水温降到10℃以下时,停止投喂。投喂方式为全池遍撒,可在每口池塘内搭建数个饲料台,用于检查摄食情况。

夏季高温时,每天加注新水5~10厘米,水温20~25℃时每周换水2次,水温15℃时每周换水1次。

每月全池泼洒0.5毫克/升聚维酮碘2次进行病害预防,每月用驱虫散(中草药)预防原生动物疾病1次。防治鸟害也是池塘养殖泥鳅中一项极为重要的工作,通过多年的实践,笔者发现在池塘上方距离水面1米左右布置尼龙网线的效果好。

5.捕捞　当水温下降到15℃时,要抓紧时间起捕上市或暂养,起捕用地拖网在泥鳅池中反复拖拉,可起捕一半以上,剩余的用地笼网结合水流刺激进行诱捕,一般3~5天即可起捕完毕,起捕率可达90%以上。

6.养殖结果　共推广池塘高效养殖泥鳅500亩,平均亩产520千克,亩均利润4 800元。成鳅养殖属于低投入、高产出的项目,且养殖周期短,规模可大可小,非常适宜在当前农村开展。

(四)池塘内设置小体积网箱养殖商品泥鳅

据报道(2008),安徽省农业科学院水产研究所管远亮、陈宇等针对泥鳅易钻泥、不易捕捞的特点,在池塘内设置小体积网箱进行商品泥鳅养殖试验,成效显著。

1.池塘选择　设置网箱的池塘面积在5亩以上,要求水源清新,水量充足,水质良好且无污染,水体溶解氧含量丰富;池深在1.5~2.0米,养殖水位稳定;池底平坦且无杂物,淤泥厚15厘米左右;池塘进、排水方便。

2.网箱设计

(1)网箱结构:选用网质好、网条紧的聚乙烯无结节网片,网目大小以鳅种不逃逸且有利于网箱内外水体交换为原则,一般为

0.5～1.0 厘米，箱体四周穿入直径为 0.5 厘米的钢绳，将网片拼接成规格为 3 米×2 米×1.5 米的长方体网箱，上端口加盖。

（2）网箱设置：网箱四周用毛竹扎架固定，在池塘内设置为固定式，且网箱上部高出水面 50 厘米。网箱在池水中排列成“一”字形，箱距 3 米以上，以便网箱内外水体的交换。新制网箱在鳅种进箱前 15 天放入池塘中，让网片充分附生藻类。网箱底部着泥且网箱内必须铺上 15～20 厘米的软泥，以免泥鳅被网箱底壁擦伤，造成皮肤损伤感染而发病。

3. 鳅种放养

（1）鳅种挑选：鳅种来源包括人工繁殖苗种和野生苗种。人工繁殖苗种的养殖成活率高，增重快，但苗种成本较高；野生苗种的成本低，但养殖成活率相对较低，增重慢。养殖鳅种应挑选规格整齐、体质健壮、无病无伤的鳅种，并剔除受伤、体弱的病鳅。

（2）消毒：鳅种进箱前，应将鳅种用 10 毫克/升浓度的高锰酸钾溶液浸浴 10～30 秒，或用 3％～5％ 浓度的食盐水浸浴 10～20 秒，以杀灭鳅种体表的病原菌及寄生虫。

（3）放养规格与放养量：规格为体长 5～7 厘米的鳅种，放养密度为 1 500～2 500 尾/平方米，但具体的放养量还应根据水体肥瘦、是否有流水条件、鳅种规格大小、鳅种体质状况、饲养技术条件等进行调整。

4. 饲养管理

（1）饲料投喂：泥鳅食性很广，既可投喂鱼粉、动物内脏、蚯蚓、小杂鱼、血粉等动物性饲料，又可投喂豆粕、菜籽粕、次粉、麦麸、谷物等植物性饲料，以及人工配合饲料，其中，动物性饲料与植物性饲料的配比为 6∶4，水温上升至 25℃以上时配合饲料中动物性饲料的比例应提高到 80％。投喂应做到“四定”：一是定时，即每天投喂 2 次，根据泥鳅在夜间摄食量较大（生长旺盛期白天也摄食）的特点，投喂应以晚间为主；二是定点，即在每个网箱中设置面积为1平方米的饲料台1个，将饲料人工投撒在饲料台上，且投撒快慢随泥鳅的抢食速度而定，掌握“先少、后多、再少”的投撒原则，同时，设置饲料台进行投喂，可使泥鳅形成集中摄食的习惯，便于观察泥鳅的摄食和生长情况，及时调整饲料投喂量；三是定质，即要求做到不投喂变质腐烂的饲料，保持饲料新鲜且其组成成分相对稳定，营养均衡；四是定量，即饲料的日投喂量为泥鳅总体重的4%～10%，具体的日投喂量要视水温、天气、泥鳅摄食情况等灵活掌握。泥鳅摄食量受水温的影响较大，水温在15℃以上时泥鳅食欲逐渐增强，水温在25～27℃泥鳅食欲特别旺盛，水温高于30℃或低于12℃时泥鳅食欲减退（此时应少投喂或不投喂）。由于泥鳅具有贪食的特点，在养殖过程中应避免过量投喂，一般以1小时内吃完的投喂量为宜。

（2）设置遮蔽物：泥鳅不喜强光，在网箱上方应架设遮阳网，或在网箱内放置遮蔽物（如水花生等），覆盖水面不超过网箱面积的1/3～1/2，可防止强光照射。平时应注意清除网箱内多余的水花生。

（3）洗刷网箱：每周洗刷网片1次，保持网箱内外水体流通，使池水中的浮游生物进入网箱内，可为泥鳅提供丰富的基础饵料生物。

（4）巡塘查箱：坚持早、晚巡塘查箱，检查网箱有无破损和漏洞，及时修补，以防泥鳅逃逸；注意敌害生物进箱对泥鳅造成危害，如肉食性鱼类、水蛇、水老鼠等，发现后立即捕捉。为防止水老鼠的侵害，可在固定网箱与水面的交接处用毛竹横杆固定在网箱上，并露出水面10厘米以上，防止水老鼠抓咬网箱。要注意池塘水位的变化，及时调整网箱入水的深度。

（5）清除残饵：及时清除饲料台内的残饵，定期清除网箱底部污物，保持网箱内水质清新。

（6）防风：注意收听当地的天气预报和大风警报，在大风来临前必须做好网箱抗风加固工作，防止狂风席卷网箱而导致箱体倾倒。

(五)池塘高效养殖泥鳅

江苏省赣榆县海洋渔业技术指导站孙斌等在江苏省赣榆县墩尚镇推广池塘高效养殖泥鳅技术，有一养殖户共计养殖泥鳅15亩，获纯利润达11 000余元/亩，现将其主要养殖技术及管理措施介绍如下。

1.养殖条件　泥鳅养殖应选择水源可靠、水质清新且无污染、进水与排水方便的池塘，土质应为中性、微酸性的黏质土壤，光照充足，交通便利，确保用电。养殖池多为长条形，单口面积1～2亩，池深0.8～1米，水深可保持在0.4～0.5米，并夯实池壁泥土。沿池塘四周用网片围住，网片下埋至硬土中，上端高出水面20厘米，可有效防止泥鳅逃逸和防止敌害生物进入养殖池。池内铺放厚约15厘米的肥沃河泥或富含有机质的黏土。进水口高出水面20厘米，出水管设置在池塘底部，平时封住，进水口和排水口均用密网布包裹。

2.放养模式

(1)放养前的准备工作：鳅种放养前20～30天，清整鳅池，堵塞漏洞，疏通进、排水管道，翻耕池底淤泥，再用生石灰清塘，池塘水深10厘米时用生石灰70～80千克/亩，兑水化浆后立即全池均匀泼洒。鳅种放养前10天，池塘加注新水20～30厘米，施入干鸡粪30千克/亩，均匀撒在池内，或用60～65千克的猪、牛、羊等粪肥集中堆放在鱼溜内，让其充分发酵。以后，视水质肥瘦适当追肥，保持水体透明度在20厘米左右，以看不见池底泥土为宜。

(2)鳅种放养：鳅种放养前用3%～5%食盐水进行消毒，浸洗时间为5～10分钟。4月份，当水温升高到15℃以上时，即可开始放养鳅种，规格为70～80尾/千克苗种的放养密度为1 000～1 500千克，规格为100～120尾/千克苗种的放养密度为800～

1 000 千克。同一养殖池中，放养的鳅种要求规格均匀整齐，并以放养大规格鳅种的养殖经济效益较好，且养殖周期较短，也可以根据市场需要及时捕捞或进行多茬养殖。鳅种的具体放养量要根据池塘和水质条件、饲养管理水平、计划出池规格等因素灵活掌握。

3. 养殖管理

（1）饲料投喂：主要投喂全价配合饲料，同时搭配投喂一些饵料生物（如鱼虫等），且投喂坚持定时、定点、定质、定量。养殖初期，日投喂量掌握在鳅体总重的 2%左右，以后至泥鳅生长适温范围内再逐步增加日投喂量，当水温达 25～28℃时，泥鳅摄食与生长均十分旺盛，此时日投喂量应提高到鳅体总重的 10%，以促进泥鳅快速生长。若水温高于 30℃或低于 12℃时，投喂量应减少甚至不投喂。每天投喂 3 次，若苗种未经驯化则以傍晚投喂为主，每次投喂量以次日凌晨不见残饵或略见残饵为度。

（2）水质调控：养殖池水质的好坏对泥鳅的生长与发育极为重要。池水以黄绿色为好，透明度以 20～30 厘米为宜，酸碱度为中性或弱碱性。当水色变为茶褐色、黑褐色或水中溶解氧含量低于 2 毫克/升时，要及时注入新水，更换部分老水，以增加池水溶解氧含量，避免泥鳅产生应激反应。通常每隔 15 天施肥 1 次，每次施用有机肥 15 千克/亩左右。另外，根据水色的具体情况，每次施用 1.5 千克/亩左右的尿素或 2.5 千克/亩的碳酸氢氨，以保持水体呈黄绿色。若水质过瘦，水体透明度过低，则必须适当追施肥料。

4. 经济效益分析　一般饲养 4 个月左右时间即可收获，若市场行情好也可提前收获，随后放养下一茬泥鳅苗种。该养殖户平均放养规格为 80 尾/千克的泥鳅苗种 1 400 千克/亩，共计收获商品泥鳅 2 130 千克。苗种均价 10 元/千克，亩均饲料投入 12 600 元，加上人工、水电等费用，亩均成本 27 200 元。所产泥鳅经连云港出口韩国，售价 19 元/千克，销售收入 38 340 元，亩获纯利润 11 140 元。

5.养殖管理关键点及注意事项　主要是加强巡塘，坚持每天早、中、晚各巡塘1次。一是检查堤坝，堵塞漏洞，保持水位，防止浮头和泛塘；二是观察泥鳅的摄食、活动和疾病发生情况，清扫食场，捞除残饵；三是防止鸭、黄鳝、蛇等进入养殖池内伤害泥鳅；四是经常使用有机肥，保持水质为活、爽的肥水；五是夏季可在鱼溜上方搭棚遮阳，冬季保持浅水或排水过冬。

6～10月份，每隔2周用漂白粉消毒水体1次，每月用生石灰化水后全池泼洒1次，有条件时还可以泼洒一些光合细菌。天气闷热时，若泥鳅浮头现象严重，应及时加注新水。另外，严禁含有甲胺磷、毒杀酚、呋喃丹等剧毒农药的水体流入养殖池，宁可不换水，也不要把受污染的水体引进养殖池内。

第六讲　泥鳅的敌害、病害及其防治

一、泥鳅的敌害与防治

泥鳅的敌害很多，稚鳅期有蛙类与蝌蚪、水生昆虫及其幼虫、鸟类以及肉食性鱼类（鲶鱼、鳜鱼、乌鱼等）。另外，农药及公害物等也是泥鳅的敌害。成鳅期的敌害则以后三者为主。防治方法如下：

(1)池边除尽杂草，并设防护，以防蛙类侵入，如发现蛇类应及时捕捉，蛙卵要捞掉。

(2)入水口须加尼龙网，防止野杂鱼侵入。

(3)在距地水面 1 米高处设网目较粗的网，防止鸟类侵入。

(4)防止污染水或公害物流入池内。这里要强调的是，农田中可能使用的各种化学农药，其残毒会不同程度地污染水质，使泥鳅中毒致死。如稻田、慈姑田等水生作物田养鳅，必须严格防范，以确保泥鳅的生产安全和卫生质量安全。几种农药对泥鳅致死浓度列于表 17，以供参考。

表 17　几种化学农药对泥鳅的致死浓度

药品名称	温度(℃)	致死浓度(毫克/升)
五氯酚钠	14～18	0.62(24.5 小时致死浓度)
敌百虫	11～18	20～30
对硫磷(1605)	4～8	13～16
草毒死	14～18	7.9(24.5 小时致死浓度)
666(粉剂)	10～13	10～15

续表 17

药品名称	温度(℃)	致死浓度(毫克/升)
666(乳剂)	10～13	25～29
艾氏剂	18～20	0.002～0.02
异艾氏剂	23～30	0.001～0.005
DDT(乳剂)	10～13	25～29
DDT(粉剂)	10～14	250～500

二、泥鳅的病害与防治

水产动物病害发生是由于其生存环境、病原体存在及水产动物本身体质三方面相互协同作用而引起的。水质、底质是其生存的主要环境。环境不适、投饵不足或营养成分不平衡,会使水产动物体质下降。投喂过量又会引起水质、底质恶化。恶化环境又使其食欲减退,体质下降,病原体也容易繁衍,这样便会引起病害发生。如不及时对症治疗,就会引起病害蔓延。病害防治的原则是以防为主,以免经济损失。泥鳅对环境的适应能力较强,只要管理得当,避免鳅体的机械损伤,注意科学合理投饵、施肥,放养密度要恰当,经常加注新水,保持水质"肥、活、爽",一般发病率都是很低的。由于泥鳅通常采用静水饲养,水质容易恶化,鳅体一旦受机械损伤,就容易引起疾病。用药必须严格遵循无公害农产品生产用药规定。常见的疾病及防治方法如下。

1. 水霉病　水霉菌寄生所致。在泥鳅苗孵化过程中,水温较低,容易发生此病;冬季鳅体受伤,开春后也易得此病。得了水霉病的泥鳅,行动迟缓,食欲减退或消失,体表布满白色棉絮状的水霉,最后衰弱致死。防治:①泥鳅感染时通常可用2%～3%的食盐水浸洗5～10分钟;或用0.04%小苏打和食盐混合液全池泼洒可治好水霉病。②每亩水面用旱烟1千克煮水全池泼洒。③五倍子碾碎煮水全池泼洒，每平方米水面用 4 克。

2. 赤皮病　此病对泥鳅的为害最大。用网扦捕、长途运输等擦伤鳅体或水质恶化，极易诱发此病。病鳅鳍、腹部皮肤及肛门周围充血、溃烂，尾鳍、胸鳍发白并烂掉。治疗方法主要是预防。用漂白粉化水后全池泼洒（每立方米养殖水体用药 1 克），有一定疗效。

3. 烂鳍病　短杆菌感染。泥鳅感染时背鳍附近表皮脱落，灰白色。严重时鳍条脱落，肌肉外露，停食，衰弱致死。夏季易流行。防治可用 1%～5%土霉素溶液浸浴 10～15 分钟，每天 1 次，连用 2 天见效，5 天即愈。

4. 打印病　病原为嗜水气单孢杆菌中嗜水亚种。病鳅身体上病灶浮肿，椭圆或圆形，红色，患部主要在尾柄两侧，似打上印章，故此得名。7～9 月份为主要流行季节。防治：①用漂白粉化水，全池泼洒，使池水浓度为 1 毫克/立方米。②用 2%石炭酸或漂白粉干粉直接涂抹患处。③每亩水面用旱烟 1 千克煮水全池泼洒。④五倍子碾碎煮水全池泼洒，每平方米水面用 4 克。

5. 寄生虫病　鳅苗阶段常见的寄生虫主要有车轮虫、舌杯虫、三代虫等。被寄生的鳅苗常常浮于水面，急促不安，或在水面打转。发现此种病，每立方米水体可用 0.5 克硫酸铜和 0.2 克硫酸亚铁兑水全池泼洒，或每立方米水体用 0.5 克的晶体敌百虫全池泼洒，治疗效果较好。

6. 曲骨病　曲骨病为孵化时水温异常，饵料中缺乏维生素所引起的。预防方法是保持良好的孵化水温及饵料中添加维生素。

7. 气泡病　鳅苗阶段由于水中氧气或其他气体含量过多引发此病。病鳅苗浮于水面，肚皮腾起成气泡状。发现该病每亩用 4～6千克食盐全池泼洒；也可立即冲入新水或黄泥浆水进行治疗。

第七讲　泥鳅的越冬和捕捞

一、泥鳅的越冬

我国除南方地区终年水温不低于15℃外，一般地区，一年中泥鳅的饲养期为7～10个月，其余时间为越冬期。当水温降至10℃左右时，泥鳅就会进入冬眠期。

在我国大部分地区，冬季泥鳅一般钻入泥土中15厘米深处越冬。由于其体表可分泌黏液，使体表及周围保持湿润，即使1个月不下雨也不会死亡。

泥鳅在越冬前和许多需要越冬的水生动物一样，必须积蓄营养和能量准备越冬。因此，应加强越冬前饲养管理，多投喂一些营养丰富的饲料，让泥鳅吃饱吃好，以利于越冬。泥鳅越冬育肥的饲料配比应为动物性和植物性饲料各占50%。

随着水温的下降，泥鳅的摄食量要开始下降，这时投饵量应逐渐减少。当水温降至15℃时，只需日投喂泥鳅体重的1%的饲料。当水温降至13℃以下时，则可停止投饲。当水温继续下降至5℃时，泥鳅就潜入淤泥深处越冬。

泥鳅越冬除了要有足够的营养和能量及良好的体质外，还要有良好的越冬环境。

(一)选好越冬场

要选择背风向阳，保水性能好，池底淤泥厚的池塘作为越冬池。为便于越冬，越冬池蓄水要比一般池塘深，要保证越冬池有充足良好的水源条件。越冬前要对越冬池、食场等进行清整消毒处理，防止有毒有害物质危害泥鳅越冬。

（二）适当施肥

越冬池消毒清理后，泥鳅入池前，先施用适量有机肥料，可用猪、牛、家禽等粪便撒铺于池底，增加淤泥层的厚度，发酵增温，为泥鳅越冬提供较为理想的“温床”，以利于保温越冬。

（三）选好鳅种

选择规格大、体质健壮、无病无伤的鳅种作为来年繁殖用的亲本。这样的泥鳅抗寒、抗病能力较强，有利于越冬成活率的提高。越冬泥鳅的放养密度一般可比常规饲养期高 2～3 倍。

（四）防寒措施

加强越冬期间的注、排水管理。越冬期间的水温应保持在 2～10℃。池水水位应比平时略高，一般水深应控制在1.5～2.0米。加注新水时应尽可能用地下水，或在池塘或水田中开挖深度在 30 厘米以上的坑、溜，使底层温度有一定的保障。若在坑、溜上加盖稻草，保温效果更好。如果是农家庭院用小坑凼使泥鳅自然越冬，可将越冬泥鳅适当集中，上面加铺畜禽粪便保温，效果更好。

此外，还可采用越冬箱（或竹篓）进行越冬（图 11）。木质越冬箱，规格为（90～100）厘米×（25～35）厘米×（20～25）厘米，箱内装细软泥土 18～20 厘米，每箱可放养 6～8 千克泥鳅。土和泥鳅要分层装箱。装箱时，要先放 3～4 厘米厚的细土，再放 2 千克左右泥鳅，如此装 3～5 层，最后装满细软泥土，钉好箱盖。箱盖上要事先打 6～8 个小孔，以便通气。箱盖钉牢后，选择背风向阳的越冬池，将越冬箱沉入 1 米以下的水中，以利于泥鳅安全越冬。

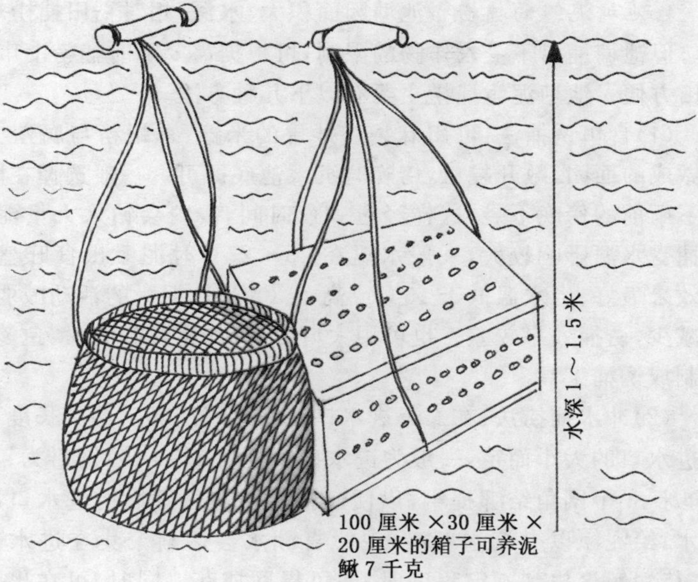

图11　木箱和竹篓越冬

二、泥鳅的捕捞

(一)养殖泥鳅的捕捞

由于泥鳅具有钻入土内越冬的习性,因而捕捞泥鳅要选择在入冬到来之前进行。但是为了提高经济效益,可根据市场价格、池中密度和生产特点等多方面因素综合考虑,灵活掌握泥鳅捕捞上市时间。作为繁殖用的亲鳅则应在人工繁殖季节前捕捉,一般体重达到10克即可上市。鳅苗养至10克左右的成鳅一般需要15个月左右,鳅苗饲养至20克左右的成鳅一般需要45个月。如果饲养条件适宜,还可缩短饲养时间。

1.池塘泥鳅的捕捞　池塘因面积大、水深，相对稻田捕捞难度大。但池塘捕捞不受农作物的限制，可根据需要随时捕捞上市，比稻田方便。池塘泥鳅捕捞主要有以下几种方法。

(1)食饵诱捕法：可用麻袋装炒香的米糠、蚕蛹粉与腐殖土混合做成的面团，敞开袋口，傍晚时沉入池底即可。一般选择在阴天或下雨前的傍晚下袋，这样经过一夜时间，袋内会钻入大量泥鳅。诱捕受水温影响较大，一般水温在 25～27℃时泥鳅摄食旺盛，诱捕效果最好；当水温低于 15℃或高于 30℃时，泥鳅的活动减弱，摄食减少，诱捕效果较差。也可用大口容器(如罐、坛、脸盆、鱼笼等)改制成诱捕工具。

(2)冲水捕捞法：在靠近进水口处铺设好网具。网具长度可依据进水口的大小而定，一般为进水口宽度的 3～4 倍，网目为1.5～2 厘米，4 个网角结绑提纲，以便起捕。网具张好后向进水口冲注新水，给泥鳅以微流水刺激，泥鳅喜溯水会逐渐聚集在进水口附近，待泥鳅聚拢到一定程度时，即可提网捕获。同时，可在出水口处张网或设置鱼篓，捕获顺水逃逸的泥鳅。

(3)排水捕捞法：食饵诱捕、冲水捕捞一般适合水温在 20℃以上采用。当水温偏低时，泥鳅活动减弱，食欲下降，甚至钻入泥中，这时只能采取排干池水捕捞。这种方法是先将池水排干，同时把池底划分成若干小块，中间挖纵横排水沟若干条。沟宽 40 厘米、深 30 厘米左右，让泥鳅集中到排水沟内，这时可用手抄网捕捞。当水温低于 10℃或高于 30℃时，泥鳅会钻入底泥中越冬或避暑，只有采取挖泥捕捉。因此，排水捕捞法一般在深秋、冬季或水温在 10～20℃时采用。

此外，如遇急需，且水温较高时，可采用香饵诱捕的方法，即把预先炒制好的香饵撒在池中捕捞处，待 30 分钟左右用网捕捞。

2.稻田泥鳅的捕捞　稻田养殖的泥鳅，一般在水稻即将黄熟之时捕捞，也可在水稻收割后进行。捕捞方法一般有以下五种。

(1)网捕法:在稻谷收割之前,先用三角网设置在稻田排水口,然后排放田水,泥鳅随水而下时被捕获。此法一次难以捕尽,可重新灌水,反复捕捉。

(2)排干田水捕捉法:在深秋稻谷收割之后,把田中鱼沟、鱼溜疏通,将田水排干,使泥鳅随水流入沟、溜之中,先用抄网抄捕,然后用铁丝制成的网具连淤泥一并捞起,除掉淤泥,留下泥鳅。天气炎热时可在早晚进行。田中泥土内捕剩的部分泥鳅,长江以北地区要设法捕尽,可采用翻耕、用水翻挖或结合犁田进行捕捉。

(3)香饵诱捕法:在稻谷收割前后均可进行。于晴天傍晚时再将水缓缓注入坑(溜)中,使泥鳅集中到鱼坑(溜),然后将预先炒制好的香饵放入广口麻袋,沉入鱼坑(详见池塘捕捞中的食饵诱捕法)诱捕。此方法在5～7月份期间以白天下袋较好,若在8月份以后则应在傍晚下袋,第二天日出前取出效果较好。放袋前一天停食,可提高捕捞效果。如无麻袋,可用旧草席剪成长60厘米、宽30厘米,将炒香的米糠、蚕蛹粉与泥土混合做成面团放入草席内,中间放些树枝卷起,并将草席两端扎紧,使草席稍稍隆起。然后放置田中,上部稍露出水面,再铺放些杂草等,泥鳅会到草席内觅食。

(4)笼捕法:是采用须笼或鳝笼捕捞(具体内容见野生鳅的捕捞中的工具捕捞法)。

(5)药物驱捕法:通常使用的药物为茶粕(亦称茶枯、茶饼,是榨油后的残存物,存放时间不超过2年),每亩稻田用量5～6千克。将药物烘烧3～5分钟后取出,趁热捣成粉末,再用清水浸泡透(手抓成团,松手散开),3～5小时后方可使用。

将稻田的水放浅至3厘米左右,然后在田的四角设置鱼巢(鱼巢用淤泥堆集而成,巢面堆成斜坡形,由低到高逐渐高出水面3～10厘米),鱼巢大小视泥鳅的多少而定,巢面一般为脚盆大小,面积0.5～1平方米。面积大的稻田中央也应设置鱼巢。

施药宜在傍晚进行。除鱼巢巢面不施药外,稻田各处须均匀地泼洒药液。施药后至捕捉前不能注水、排水，也不宜在田中走动。泥鳅一般会在茶粕的作用下纷纷钻进泥堆鱼巢。

施药后的第二天清晨，用田泥围一圈拦鱼巢，将鱼巢围圈中的水排干，即可挖巢捕捉泥鳅。达到商品规格的泥鳅可直接上市，未达到商品规格的小鳅继续留田养殖。若留田养殖需注水5厘米左右，待田中药性消失后，再转入稻田中饲养。

此法简便易行，捕捞速度快，成本低，效率高，且无污染（须控制用药量）。在水温10～25℃时，起捕率可达90%以上，并且可捕大留小，均衡上市。但操作时应注意以下事项：首先是用茶粕配制的药液要随配随用；其次是用量必须严格控制，施药一定要均匀地全田泼洒（鱼巢除外）；此外鱼巢巢面必须高于水面，并且不能再有高出水面的草、泥堆物。此法捕鳅时间最好在收割水稻之后，且稻田中无集鱼坑、溜的；若稻田中有集鱼坑、溜，则可不在集鱼坑、溜中施药，并用木板将坑、溜围住，以防泥鳅进入。

（二）野生鳅的捕捞

我国江河、沟渠、池塘和水田等水域蕴藏着丰富的天然泥鳅资源，虽然由于化学农药和肥料的大量使用及水域污染等原因，使这一资源逐渐减少，但泥鳅生产仍以捕捉野生鳅为主。一般野生泥鳅的捕捉方法有工具捕捞、药物聚捕、灯光照捕等，多数与养殖捕捉方法相似。

1. 工具捕捞法　一般是利用捕捉黄鳝用的鳝笼或须笼（俗称鱼笼）来捕捉。有的也用网等渔具捕捉。

须笼和鳝笼均为竹篾编制，两者形状相似。一般长30厘米、直径9厘米，末端锥形（漏斗部），占全长的1/3，漏斗口的直径2厘米。须笼的里面用聚乙烯布做成与须笼同样形状的袋子（图12）。使用时，在须笼中放入炒香的米糠、小麦粉、鱼粉或蚕蛹等饵料，傍晚放置于池底（5～7月份可白天中午放置）。须笼应多处设置，一般每年池塘可在池四周各放1～3只须笼。放笼后定时检查,1 小时左右拉上来检查一次。拉时先收拢袋口,以防泥鳅逃逸。放置须笼的时间不宜过长,否则进入的泥鳅过多,会造成窒息死亡。捕捉到的泥鳅应集中于盛水的容器中,泥鳅的盛放密度不宜太大。此法适宜于人工养殖的池塘、沟渠或天然坑塘、湖泊等水域使用,亦可用于繁殖期间的亲鳅捕捉。须笼闲置时,白天应放阴凉通风处。

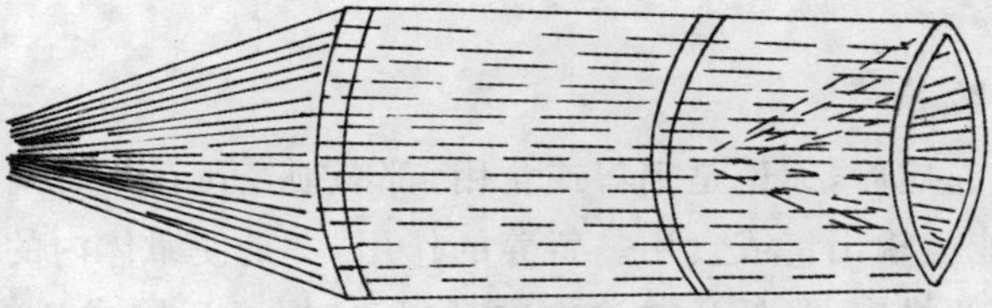

图 12　捕捉泥鳅的须笼

上述方法中,也可在须笼内不放诱饵进行捕捉,即在 4～5 月份,特别是涨水季节的夜间,于河道、沟渠、水田等流水处,设置须笼或鳝笼,笼口向着下游,利用混鳅的溯水习性,让其游进笼中而捕获。9～11 月份时,笼口要朝上游,因为此时泥鳅是顺水而下的。

2. 药物聚捕法　此法与稻田驱捕法所用的药物和操作方法相同,在非养鳅稻田中亦可使用。

3. 灯光照捕法　此法是人们利用泥鳅夜间活动的习性,用手电筒等光源照明,结合使用网等渔具或徒手捕捉的方法,一般在泥鳅资源丰富的坑塘、沟渠和水田采用。

第八讲　泥鳅的存养和运输

一、泥鳅的存养

(一)暂养

泥鳅起捕后，无论是销售或食用，都必须经过几天时间的清水暂养，方能运输出售或食用。暂养的作用，一是使鳅体内的污物和肠中的粪便排出，降低运输途中的耗氧量，提高运输成活率；二是去掉泥鳅肉的泥腥味，改善口味，提高食用价值；三是将零星捕捞的泥鳅集中起来，便于批量运输销售。泥鳅暂养的方法有许多种，现摘要介绍以下几种。

1. 水泥池暂养　水泥池暂养适用于较大规模的出口中转基地或需暂养较长时间的场合。应选择在水源充足、水质清新、排灌方便的场所建池，并配备增氧、进水、排污等设施。水泥池的大小一般为 8 米×4 米×0.8 米，蓄水量为 20～25 立方米。一般每平方米面积可暂养泥鳅 5～7 千克，有流水、有增氧设施、暂养时间较短的，每平方米面积可放 40～50 千克。若为水槽型水泥池，每平方米可放 100 千克。

泥鳅进入水泥池暂养前，最好先在木桶中暂养 1～2 天，待粪便或污泥消除后再移至水泥池中。在水泥池中暂养时，对刚起捕或刚入池的泥鳅，应每隔 7 小时换水 1 次，待其粪便和污泥排除干净后转入正常管理。夏季暂养每天换水不能少于 2 次，春秋季暂养每天换水 1 次，冬季暂养隔日换水 1 次即可。

据有关资料报道，在泥鳅暂养期间，投喂生大豆和辣椒可明显提高泥鳅暂养的成活率。按每30千克泥鳅每天投喂0.2千克生大豆即可。此外,辣椒有刺激泥鳅兴奋的作用,每30千克泥鳅每天投喂辣椒0.1千克即可。

水泥池暂养是目前较先进的方法,适用于暂养时间长、数量多的场合,具有成活率高(95%左右)、规模效益好等优点。但这种方法要求较高,暂养期间不能发生断水、缺氧泛池等现象,必须有严格的岗位责任制度。

2. 网箱暂养　网箱暂养泥鳅被许多地方普遍采用。暂养泥鳅的网箱规格一般为2米×1米×1.5米。网眼大小视暂养泥鳅的规格而定,暂养小规格泥鳅可用11～12目的聚乙烯网布。网箱宜选择水面开阔、水质良好的池塘或河道。暂养的密度视水温高低和网箱大小而定,一般每平方米暂养30千克左右较适宜。网箱暂养泥鳅要加强日常管理,防止逃逸和发生病害,平时要勤检查、勤刷网箱、勤捞残渣和死鳅等,一般暂养成活率可达90%以上。

3. 木桶暂养　各类容积较大的木桶均可用于泥鳅暂养。一般用72升容积的木桶可暂养泥鳅10千克。暂养开始时每天换水4～5次,第三天以后每天换水2～3次。每次换水量控制在1/3左右。

4. 鱼篓暂养　鱼篓的规格一般为口径24厘米、底径65厘米,竹制。篓内铺放聚乙烯网布,篓口要加盖(盖上不铺聚乙烯网布等,防止泥鳅呼吸困难),防止泥鳅逃逸。将泥鳅放入竹篓后置于水中,竹篓应有1/3部分露出水面,以利于泥鳅呼吸。若将鱼篓置于静水中,一篓可暂养7～8千克;置于微流水中,一篓可暂养15～20千克。置于流水状态中暂养时,应避免水流过激,否则泥鳅易患细菌性疾病。

5. 布斗暂养　布斗一般规格为口径24厘米、底径65厘米、长24厘米,装有泥鳅的布斗置于水域中时应有约1/3部分露出水面。布斗暂养泥鳅须选择在水质清新的江河、湖库等水域,一般置于流水水域中，每斗可暂养15～20千克，置于静水水域中，每斗可暂养7～8千克。

（二）长期蓄养

我国大部分地区水产品都有一定的季节差、地区差，所以人们往往将秋季捕获的泥鳅蓄养至泥鳅价格较高的冬季出售。蓄养的方式方法和暂养基本相同。时间较长、规模较大的蓄养一般是采取低温蓄养，水温要保持在5～10℃范围。若水温低于5℃时，泥鳅会被冻死；高于10℃时，泥鳅会浮出水面呼吸，此时应采取措施降温、增氧。蓄养于室外的，要注意控温，如在水槽等容器上加盖，防止夜间水温突变。蓄养的泥鳅在蓄养前要促使泥鳅肠内粪便排出，并用食盐浸洗鳅体消毒，以提高蓄养成活率。

二、泥鳅的运输

泥鳅的皮肤和肠均有呼吸功能，因而泥鳅的运输比较方便。泥鳅的运输按运输距离分有近程运输、中程运输、远程运输；按泥鳅规格分有苗种运输、成鳅运输、亲鳅运输；按运输工具分有鱼篓鱼袋运输、箱运输、运输工具运输等；按运输方式分有干法运输、带水运输、降温运输等。泥鳅的苗种运输相对要求较高，一般选用鱼篓和尼龙袋装水运输较好；成鳅对运输的要求低些，除远程运输需要尼龙袋装运外，均可因地制宜地选用其他方式方法。

不论采用哪一种方法，泥鳅运输前均需暂养1～3天后才能启运。运输途中要注意泥鳅和水温的变化，及时捞除病伤死鳅，去除黏液，调节水温，防止阳光直射和风雨吹淋引起水温变化。在运输途中，尤其是到达目的地时，应尽可能使运输泥鳅的水温与准备放养的环境水温相近，两者最大温差不能超过5℃，否则会造成泥鳅死亡。

(一)干法运输

干法运输就是采用无水湿法运输的方法,俗称“干运”,一般适用于成鳅短程运输。运输时,在泥鳅体表泼些水,或用水草包裹泥鳅,使泥鳅皮肤保持湿润,再置于袋、桶、筐等容器中,就可进行短距离运输。

1. 筐运法　装运泥鳅的筐用竹篾编织而成,为长方形,规格为(80～90)厘米×(45～50)厘米×(20～30)厘米。筐内壁铺上麻布,避免鳅体受伤,一筐可装成鳅15～20千克,筐内盖些水草或瓜(荷)叶即可运输。此法适用于水温15℃左右、运输时间为3～5小时的短途运输。

2. 袋运法　即将泥鳅装入麻袋、草包或编织袋内,洒些水,或预先放些水草等在袋内,使泥鳅体表保持湿润,即可运输。此法适用于温度在20℃以下、运输时间在半天以内的短途运输。

(二)降温运输

运输时间需半天或更长时间的,尤其在天气炎热和中程运输时,必须采用降温运输方法。

1. 带水降温运输　一般用鱼桶装水加冰块装运,6千克水可装运泥鳅8千克。运输时将冰块放入网袋内,再将其吊在桶盖上,使冰水慢慢滴入容器内,以达到降温之目的。此法运输成活率较高,鳅体也不易受伤,一般在12小时内可保证安全。水温在15℃左右,运输时间在5～6小时效果较好。

2. 鱼筐降温运输　鱼筐的材料、形状和规格前面已述。每筐装成鳅15～20千克。装好的鱼筐套叠4～5个,最上面一筐装鳅少一些,其中盛放用麻布包好的碎冰块10～20千克。将几个鱼筐叠齐捆紧即可装运。注意避免鱼筐之间互相挤压。

3. 箱运法　箱用木板制作,木箱的结构有三层,上层为放冰的冰箱,中层为装鳅的鳅箱,下层为底盘。箱体规格为50厘米×35

厘米×8厘米，箱底和四周铺垫20目的聚乙烯网布。如水温在20℃以上时，先在上层的冰箱里装满冰块，让融化后的冰水慢慢滴入鳅箱。每层鳅箱装泥鳅10～15千克。再将这两个箱子与底盘一道扎紧，即可运输。这种运输方法适合于中、短途运输，运输时间在30小时以内的，成活率在90%以上。

（三）鱼篓（桶）装水运输

用鱼篓、桶装入适量的水和泥鳅，采用火车、汽车或轮船等交通工具的运输方法，此法较适合于泥鳅苗种运输。鱼篓一般用竹篾编制，内壁粘贴柿油纸或薄膜，也有用镀锌皮制作。鱼篓的规格不一，常用的规格为：口径70厘米，底部边长90厘米，桶高100厘米。有桶盖，盖中心开有一直径为35厘米的圆孔，并配有击水板，其一端由“十”字交叉板组成，交叉板长40厘米，宽10厘米，柄长80厘米。

鱼篓（桶）运输泥鳅苗种要选择好天气，水温以15～25℃为宜。已开食的鳅苗起运前最好喂一次咸鸭蛋。其方法是将煮熟的咸鸭蛋黄用纱布包好，放入盛水的搪瓷盘内，滤掉渣，将蛋黄汁均匀地泼在装鳅苗的鱼篓（桶）中，每10万尾鳅苗投喂蛋黄1个。喂食后2～3小时，更换新水后即可起运。运输途中要防止鳅苗缺氧和残饵、粪便、死鳅等污染水质，要及时换注新水，每次换水量为1/3左右，换水时水温差不能超过3℃。若换水困难，可用击水板在鱼篓（桶）的水面上轻轻地上下推动击水，起增氧效果。为避免苗种集结成团而窒息，可放入几条规格稍大的泥鳅一道运输。

路途较近的亦可用挑篓运输，挑篓由竹篾制成，篓内壁糊贴柿油纸或薄膜。篓的口径约50厘米，高33厘米。装水量为篓容积的1/3～1/2（约25升）。装苗种数量依泥鳅规格而定：1.3厘米以下的装6万～7万尾，1.5～2厘米的1万～1.4万尾，2.5厘米的装0.6万～0.7万尾，3.5厘米的装0.35万～0.4万尾，5厘米的装0.25万～0.3万尾，6.5～8厘米的装600～700尾，10厘米的装 400～500 尾。

(四)尼龙袋充氧运输

此法是用各生产单位运输家鱼苗种用的尼龙袋(双层塑料薄膜袋),装少量水,充氧后运输,这是目前较先进的一种运输方法。可装载于车、船、飞机上进行远程运输。

尼龙袋规格一般为 30 厘米×28 厘米×65 厘米的双层袋,每袋装泥鳅 10 千克。加少量水,亦可添加些碎冰,充氧后扎紧袋口,再装入 32 厘米×35 厘米×65 厘米规格的硬纸箱内,每箱装两袋。气温高时,在箱内四角处各放一小冰袋降温,然后打包运输。如在 7～9 月份运输,装袋前应对泥鳅采限“三级降温法”处理,即从水温 20℃以上的暂养容器中放入水温 18～20℃的容器中暂养 20～40 分钟,后放入 14～15℃的容器中暂养 5～10 分钟,再放入 8～12℃的容器中暂养 3～5 分钟,然后装袋充氧运输。

参 考 文 献

1. 王殿坤. 特种水产品养殖[M]. 北京:高等教育出版社,1992.
2. 赵明森. 新编特种水产品养殖[M]. 南京:江苏科学技术出版社,1997.
3. 王卫民,张家波. 泥鳅大规模苗种生产技术[J]. 水产养殖,1998(5):3-4.
4. 朱炳全. 稻田高密度养殖泥鳅试验[J]. 水利渔业,2000,20(4):30.
5. 王敏,张泗关. 泥鳅的人工繁殖及苗种技术研究[J]. 水利渔业,2000,107(1):37-39.
6. 潘建林. 黄鳝与泥鳅养殖新技术[M]. 上海:上海科学技术出版社,2002.
7. 王建国. 泥鳅养殖[M]. 北京:中国农业科学技术出版社, 2002.
8. 潘建林. 黄鳝泥鳅无公害养殖综合技术[M]. 北京:中国农业出版社, 2003.
9. 杜忠臣. 泥鳅人工繁殖及苗种培育技术[J]. 淡水渔业,2003,33(6):57-58.
10. 戴海平. 泥鳅的人工繁育试验[J]. 水产科技情报,2004,31(3):115-117.
11. 何杰,等. 泥鳅秋季人工繁殖及苗种培育试验[J]. 水产科技情报,2005,32 (2):73-75.
12. 肖光明, 邓云波. 黄鳝泥鳅养殖[M]. 长沙:湖南科学技术出版社,2005.
13. 徐在宽, 潘建林. 泥鳅黄鳝无公害养殖重点、难点与实例[M]. 上海:科学技术文献出版社,2005.
14. 郑国洪. 泥鳅人工繁殖育苗试验[J]. 中国科技信息,2006, 16:

80.
15. 赵林斌. 泥鳅苗种规模化繁育与高效生态养殖技术[J]. 中国水产,2007(5):40-42.
16. 向冰. 泥鳅人工繁殖及苗种培育技术[J]. 河北渔业,2008, 12:26-28.
17. 姜进华,等. 利用水泥池高效养殖泥鳅技术[J]. 中国水产,2008(1):35-36.
18. 管远亮,等. 池塘内设置小体积网箱养殖商品泥鳅技术[J]. 中国水产,2008(1):32.
19. 孙斌. 池塘高效养殖泥鳅技术要点[J]. 中国水产,2008 (1):36-37.